量子点系统的自旋相关热电效应

郑 军　葛鑫磊　计彦强　郭 永　著

北 京
冶金工业出版社
2023

内 容 提 要

本书介绍了量子点系统中热电效应产生的一般规律，着重从电子输运调控方面介绍了提高热电转换效率的有效方法。主要内容包括平衡态和非平衡态热电效应的主要参量；与普通金属电极耦合的单量子点环在库伦阻塞区域的电荷热电效应；室温下与磁动量平行的铁磁电极耦合的单量子点 A-B 环的自旋热电效应；非平衡态下含有磁性杂质的单量子点环系统的热电效应；热偏压作用下单能级量子点系统的制冷效应；微波场对量子点系统自旋热电势和自旋流的影响；太赫兹辐射下 A-B 环量子点系统在非线性区域的 Fano 共振和热电输运；平行排列的两个 Rashba 量子点系统中的自旋热电效应；与非共线性铁磁电极耦合的双量子点系统的自旋热电效应；四端口量子点环系统中的电荷和自旋 Nernst 效应。

本书可供从事低维系统热电效应研究人员阅读，也可供高校相关领域师生参考。

图书在版编目(CIP)数据

量子点系统的自旋相关热电效应／郑军等著 ．—北京：冶金工业出版社，2022.6（2023.5 重印）
ISBN 978-7-5024-9149-9

Ⅰ．①量… Ⅱ．①郑… Ⅲ．①量子力学—研究 Ⅳ．①O413.1

中国版本图书馆 CIP 数据核字（2022）第 079444 号

量子点系统的自旋相关热电效应

出版发行	冶金工业出版社	电　　话	(010)64027926
地　　址	北京市东城区嵩祝院北巷 39 号	邮　　编	100009
网　　址	www.mip1953.com	电子信箱	service@ mip1953.com

责任编辑　姜恺宁　美术编辑　燕展疆　版式设计　郑小利
责任校对　石　静　责任印制　禹　蕊

北京建宏印刷有限公司印刷
2022 年 6 月第 1 版，2023 年 5 月第 2 次印刷
710mm×1000mm　1/16；8.5 印张；163 千字；125 页
定价 68.00 元

投稿电话　(010)64027932　投稿信箱　tougao@ cnmip.com.cn
营销中心电话　(010)64044283
冶金工业出版社天猫旗舰店　yjgycbs.tmall.com
(本书如有印装质量问题，本社营销中心负责退换)

前　言

随着电子元器件的逐步小型化，纳米元器件高密度集成时的高功耗和器件过热问题，已成为电子工业发展亟待解决的焦点和前沿问题。设计新颖的装置降低热耗散并对器件运行时产生的废热加以有效利用，对电子科技的发展有重要意义。热电转换技术是一种利用材料实现热能与电能直接相互转换的清洁能源技术，其中利用温度差产生电流或电荷积累的现象，被称为塞贝克（Seebeck）效应。相对于传统的发电技术，热电发电是一种无需化学反应或流体介质的全固态能量转换方式，具有无污染、无噪音、使用寿命长以及性能稳定等诸多优点，被认为是一类有效的绿色可持续性能源技术。热电供电装置已在航天航空、军工、医疗、工业余热等领域起到了举足轻重的作用，但在商业和民用领域中热电转换技术尚未得到广泛应用，制约其发展的根本原因在于较低的热电转换效率。

在纳米尺度下量子力学的规律占主导地位，材料往往呈现出一系列新奇的量子特性。随着微细加工技术和低温测量技术的发展，低维热电材料的研究在技术上取得了重大突破。理论和实验研究均发现在一些强相互作用的纳米结构中，Wiedemann-Fran 定律不再成立，降低材料的维度会增强热效应，因此在三个维度都受到限制的零维量子点系统受到了科研人员的关注。量子点作为典型的零维结构，可以通过应变自组装技术、微结构生长和微细加工等方法实现，其形状、尺寸以及结构目前都可以实现较为精确的调节。

自旋热电效应把电子和空穴的输运特性与电子的自旋特性相结合，从热学方面为自旋流的产生和操控提供了新的途径，拓展了自旋电子学的研究空间。随着研究工作的深入，科研人员把热-自旋相关的现象统称为热激发自旋电子学（spin caloritronics）。在热激发自旋电子学的研究中，简单来说有三个基本的课题：第一类是与自旋注入、自旋矩的传输相关的热激发效应；第二类是由自旋独立性引起的独立热输运现象，是隧穿磁阻、巨磁阻等效应的延伸；第三类是相对论相关效应，如磁各向异性、自旋霍尔、反常量子霍尔等效应的热学交叉与拓展。

本书主要讨论稳恒外场对量子点系统中平衡和非平衡热电效应的影响。全书共分为10章，第1章简要介绍平衡态和非平衡态热电效应的主要参量；第2章介绍与普通金属电极耦合的单量子点环在库伦阻塞区域的电荷热电效应；第3章介绍室温条件下与磁动量平行的铁磁电极耦合的单量子点A-B环的自旋热电效应；第4章介绍非平衡态下含有磁性杂质的单量子点环系统的热电效应；第5章介绍热偏压作用下单能级量子点系统的制冷效应；第6章介绍微波场对量子点系统自旋热电势和自旋流的影响；第7章介绍太赫兹辐射下A-B环量子点系统在非线性区域的Fano共振和热电输运；第8章介绍平行排列的两个Rashba量子点系统中的自旋热电效应；第9章介绍与非共线性铁磁电极耦合的双量子点系统的自旋热电效应；第10章介绍四端口量子点环系统中的电荷和自旋Nernst效应。

本书的主要成果来自国家自然科学基金项目（11547209、11574173、11604021），本书的出版得到了国家自然科学基金项目

（12174038）、辽宁省"兴辽英才"青年拔尖人才项目（XLYC2007141）以及渤海大学物理科学与技术学院的资助，在此一并表示感谢。

囿于作者学识水平，书中不妥之处恳请不吝赐教、批评指正。

作 者

2021 年 7 月

目　　录

1 绪论 ·· 1
　1.1 热流和热导率 ·· 1
　　1.1.1 基本定义 ··· 1
　　1.1.2 理论方法 ··· 3
　1.2 热电势 ·· 6
　　1.2.1 基本定义 ··· 6
　　1.2.2 理论方法 ··· 7
　1.3 量子点系统中的热电效应理论方法 ·· 10
　　1.3.1 量子点的基本性质与 Rashba 自旋轨道耦合 ································ 10
　　1.3.2 两端口系统中的热电输运 ··· 11
　　1.3.3 线性响应区域自旋相关热电参量的计算 ····································· 14
　　1.3.4 非平衡态 ·· 15
　参考文献 ·· 16

2 与普通金属电极耦合的单量子点环中的电荷热电效应 ······························· 20
　2.1 理论模型与计算方法 ··· 20
　2.2 结果讨论 ··· 23
　　2.2.1 磁场对热电参数的影响 ··· 23
　　2.2.2 点内库仑相互作用对热电性质的影响 ······································· 25
　　2.2.3 量子点与电极耦合强度对 Z_cT 值的调控 ································ 27
　2.3 本章小结 ··· 27
　参考文献 ·· 28

3 与铁磁电极耦合的单量子点环中的自旋热电效应 ····································· 30
　3.1 理论模型与计算方法 ··· 31
　3.2 结果讨论 ··· 34
　　3.2.1 铁磁电极极化方向和强度的影响 ·· 34
　　3.2.2 自旋轨道耦合影响下的热电参数 ·· 36

3.2.3 自旋热电势和优值系数随磁通量的震荡 ………………………… 38
3.3 本章小结 ……………………………………………………………… 39
参考文献 …………………………………………………………………… 39

4 非平衡态 A-B 环上磁杂质量子点系统中自旋热电效应 …………… 42
4.1 理论方法与计算公式 ………………………………………………… 43
4.2 结果讨论 ……………………………………………………………… 45
　　4.2.1 非平衡态下的热电流 ………………………………………… 45
　　4.2.2 交换作用对热电输运的影响 ………………………………… 46
　　4.2.3 非平衡态热电输运的工作区域 ……………………………… 47
　　4.2.4 相位因子对热电输运的影响 ………………………………… 49
4.3 本章小结 ……………………………………………………………… 51
参考文献 …………………………………………………………………… 52

5 热偏压作用下单能级量子点的制冷效应 …………………………… 54
5.1 理论模型与计算方法 ………………………………………………… 55
5.2 结果讨论 ……………………………………………………………… 56
　　5.2.1 电声子耦合作用下的热流和电流 …………………………… 56
　　5.2.2 热极温差对生成热量的影响 ………………………………… 58
　　5.2.3 平衡温度对温差产生的电压和生成热量的影响 …………… 59
5.3 本章小结 ……………………………………………………………… 60
参考文献 …………………………………………………………………… 60

6 太赫兹辐照下 InAs 量子点的自旋热电效应 ………………………… 62
6.1 理论模型与方法 ……………………………………………………… 63
6.2 结果讨论 ……………………………………………………………… 67
　　6.2.1 不同强度光场作用下的自旋相关热电参数 ………………… 67
　　6.2.2 非对称太赫兹光作用下的热流 ……………………………… 69
　　6.2.3 磁场对自旋优值和热电势的影响 …………………………… 71
　　6.2.4 温度对电导和热电势的影响 ………………………………… 71
　　6.2.5 完全非对称光场作用下的自旋相关平均电流 ……………… 73
6.3 本章小结 ……………………………………………………………… 75
参考文献 …………………………………………………………………… 75

7 太赫兹辐照下 A-B 环量子点系统的自旋热电效应 ………………… 77
7.1 理论模型与方法 ……………………………………………………… 78

7.2 结果讨论 ··· 81
   7.2.1 非对称太赫兹光作用下的电流和热流 ································· 81
   7.2.2 光场强度、非对称率以及端口温度对输出功率的影响 ················· 82
   7.2.3 光场强度和频率不对称对热流的影响 ································· 84
   7.2.4 光场强度和频率不对称时的输出功率 ································· 85
   7.2.5 光场非对称率和自旋轨道耦合对自旋流的影响 ······················· 85
7.3 本章小结 ··· 87
参考文献 ··· 87

8 金属电极双量子点系统中的自旋热电效应 ································ 89
8.1 理论方法与计算公式 ··· 90
8.2 结果讨论 ··· 93
   8.2.1 Heisenberg 交换作用对自旋热电效应的影响 ·························· 93
   8.2.2 电极间直接耦合对自旋热电效应的影响 ······························ 94
   8.2.3 相位因子对自旋热电效应的影响 ······································ 96
8.3 本章小结 ·· 100
参考文献 ·· 101

9 与非共线性铁磁电极耦合的双量子点环中的自旋热电效应 ············· 103
9.1 理论模型与计算方法 ·· 103
9.2 结果讨论 ·· 107
   9.2.1 磁矩夹角和自旋轨道耦合均为零时的热电参数 ····················· 107
   9.2.2 极化强度对自旋热电参数的影响 ····································· 110
   9.2.3 磁矩夹角和极化强度对自旋优值系数的影响 ························ 111
9.3 本章小结 ·· 112
参考文献 ·· 112

10 四端口量子点环中的电荷和自旋 Nernst 效应 ······················· 114
10.1 理论方法与计算公式 ··· 116
10.2 结果讨论 ··· 117
   10.2.1 $\phi_R \neq 0$，$\phi_B = 0$ 时的 Nernst 效应 ······················· 117
   10.2.2 $\phi_R = 0$，$\phi_B \neq 0$ 时的 Nernst 效应 ······················· 119
   10.2.3 库仑排斥势对 Nernst 效应的影响 ·································· 120
   10.2.4 ϕ_R 和 ϕ_B 的共同作用 ······································ 122
10.3 本章小结 ··· 123
参考文献 ·· 123

1 绪　　论

　　热电优值表达式中有 3 个重要的参数：塞贝克系数、电导率和热导率。要实现优异的热电转换效率，热电材料必须同时具有较高的塞贝克系数 S、较高的电导 G 以及尽量低的热导 κ。其中较高的塞贝克系数 S 在给定温差下可以使材料获得更大的电势差，而较高的电导 G 可以减少材料的焦耳热损失，比较低的热导 κ 可以维持系统两端的热能。然而大量研究结果表明塞贝克系数和电导率之间往往呈现负相关关系，换言之，一个体系电导率的升高往往伴随着塞贝克系数的下降，反之亦然。因此，如何阐明两个热电参量的内在关联，在保证一个参量基本不变的同时实现另一个参量的大幅提升，成为了改善热电材料电学功率因子的关键。

1.1　热流和热导率

1.1.1　基本定义

　　当纳米结两端电极的温度不同时，纳米结中会有能量流过。Fourier 最早对体材料中的这一现象进行了定性描述，并给出了著名的 Fourier 定律[1]：温度梯度 $\Delta T = T_\mathrm{R} - T_\mathrm{L}$ 引起的热流密度正比于温度差，两者具有线性关系，即

$$j_{\mathrm{th}} = -\kappa \Delta T \tag{1-1}$$

式中，j_th 为包含了声子或电子贡献的热流密度；κ 为热导率；式中负号表示热量自高温区域向低温区域传递。

　　利用式（1-1）研究宏观导热，特别是对热导率的实验测定，加深了人们对材料物理特性的认识，明确了开发新型导热材料的方向。但需要注意，式（1-1）是在忽略载流子的具体运动、介质的微观尺度下的结构，假定介质连续的条件下得到的，并且这个等式通常只在线性响应区域成立。

　　热导可定义为总热流 j_th 与温度差 ΔT 的比值：

$$\sigma_{\mathrm{th}} = \lim_{\Delta T \to 0} \frac{j_{\mathrm{th}}}{\Delta T} \tag{1-2}$$

对于横截面积为 A，长度为 L 的均匀样品，热导与热导率之间的关系可以表示成 $\sigma_\mathrm{th} = A\kappa/L$。如果样品不均匀，热导与热导率之间的关系则依赖系统的微观细节。

热阻可以定义为热导的倒数 $\rho_{th} = \sigma_{th}^{-1}$。

能量可以借助声子（晶格振动）、电子或者电声子共同作用的形式通过纳米结或固体。在低温情况下，能量还可以由光子（电磁环境）传递[2]。对于绝缘体材料，电子对能量输运的贡献可以忽略；然而对于金属体材料，电子的贡献非常显著。之所以纳米结中电子和声子所做贡献的区别并不明显，是因为纳米结能够荷载较大的电流密度（例如，横截面为 $0.1\mathrm{nm}^2$ 的量子点接触中，对于大小为 $0.1\mu\mathrm{A}$ 的电流，相应的电流密度能够达到 $10^9 \mathrm{A/cm}^2$，比介观或者体材料中的电流密度大几个数量级），所以声子和电子对纳米结中能量输运的贡献同等重要，应当被同时考虑。基于玻尔兹曼方程（boltzmann equation），Peierls 首先提出了体绝缘材料的声子热导率理论[3]，其主要思想是热导率 κ 主要受声子散射影响，特别是散射过程中动量不守恒的 umklapp 散射。假设声子的平均自由程为 l（主要是由于受到杂质散射），较高温度情况下三维体系的热导率可表示为

$$\kappa \approx \frac{1}{3} v c_V \qquad (1-3)$$

式中，v 为声速；c_V 为声子的定容热容。

虽然式（1-3）同时考虑了光学声子和声学声子的贡献，但实际上只有声学声子参与了热输运。对于体金属同样可以推导出一个类似的关系式[4]，此时 l 代表电子的平均自由程，c_V 是电子的定容热容量，v 是电子漂移速度。对于电子，热流还应包含粒子数改变的贡献。在定容条件下，其热力学关系为 $\delta Q = d\varepsilon - \mu dn$，$Q$ 和 ε 分别表示单位体积的热量和能量，n 是粒子数密度，μ 为化学势。方程两边同时除以无限小的时间间隔 dt，可以得到：

$$J_{th} = J_E - \frac{\mu}{e} J_e \qquad (1-4)$$

即电子热流可以由两部分组成，一部分来自能量流 J_E 的贡献，另一部分来自电荷流 J_e 的贡献。由于声子数不守恒，式（1-4）中不包含声子项。

在微纳电子器件中，载流子的平均自由程受到包括材料缺陷、原子及分子的电子间散射和声子间散射、材料边界散射等多重散射机制的影响。特别是在低温条件下，上述各种因素对平均自由程的影响更为显著。也就是说，器件尺寸小到一定程度或温度低于一定程度时，热导率 κ 不再是材料的固有属性，而取决于材料的结构、尺寸、形状、边界及外部的温度等条件，此时载流子运动引起的热量的传导是非局域性的，热流的计算不再遵循傅里叶定律式（1-1）。1.1.2 节将简要介绍几种常用的计算纳米结构中热流和热导率的方法。在给出具体理论计算步骤之前，不妨先讨论一下理解、预测以及控制热导率的重要性。

热导率包含了和纳米系统应用有关的两个重要因素。其一是材料结构的稳定性，升温会影响纳米结和流出结内部结构的稳定性，热导率可以给出在纳米结和

流出结消耗能量的比值,这个比值与系统的升温过程有关,所以热导率可以判断材料结构的稳定性;其二是热电设备转换效率,因为热导率是决定热电设备转换效率的重要因素。因此,根据不同的应用需求,理想的纳米系统可能具有相反的热性能:对于载流导线应尽量增大其热导以允许更多的热量流过导线,防止器件过热;对于热电转换器件则应尽量减小热导以增强系统的热电性能。

1.1.2 理论方法

接下来简要介绍两种通常用来描述能量流动的理论方法。

1.1.2.1 单粒子散射方法

理论上计算热导的单粒子散射方法是 Landauer 提出的处理介观和纳米系统中电荷输运的方法[5~7]。同样的思想也已经被推广到纳米结的声子输运问题中[8~10]。这种方法的基本原则是假设电极中的电子之间无相互作用（否则电流将不满足守恒定律）,因此可以选取平面波作为声子或者电子的态矢量。为了进一步简化,假定电极与电子（声子）库之间的连接是绝热的。粒子库的作用有两个方面,一方面,根据 Bose-Einstein（BE）分布函数确定声子散射态的占据情况;另一方面,根据 Fermi-Dirac（FD）分布函数确定电子散射态的占据情况。一旦散射态的占据情况被确定,由于粒子在发生电极—系统表面散射之前自由传播,电荷流和能量流可由左右粒子库的化学势差和（或）温度差确定。

计算中通常假定中间样品区域的粒子无相互作用或在平均场（mean-field）近似下有相互作用。在这种情况下,电流正比于粒子从电极的一端经过样品从另一端流出的概率。例如,声子输运过程中,能量为 $\hbar\omega$ 的声子态可能通过中间纳米样品,也可能被样品反射回来。通过结的概率可以用透射系数 $T(\omega)$ 表示。因此声子引起的热流可以简单表示成:

$$J_{th} = \int_0^\infty \frac{d\omega}{2\pi} \hbar\omega T(\omega)(g_L - g_R) \tag{1-5}$$

式中,$g_{L(R)} = 1/[\exp(\hbar\omega/k_B T_{L(R)}) - 1]$ 为左（右）电极中声子的分布函数。通过式（1-5）求得热流 J_{th} 并利用定义式（1-2）便可容易地计算出系统的声子热导。

利用这种方法同样可以求解电子引起的热流,但是需要对方程式（1-5）中的两个参量进行改动,首先需要把 BE 分布函数替换成 FD 分布函数,其次左右粒子库的能量分别需要从各自的化学势 μ_L 和 μ_R 算起,即 $\hbar\omega$ 替换为 $\hbar\omega - \mu_{L(R)}$。在线性响应条件下,式（1-5）中与 $T(\omega)$ 相乘的能量项 $\hbar\omega$ 需要替换成 $\hbar\omega - (\mu_L + \mu_R)/2$。

$$J_{th} = \int_0^\infty \frac{d\omega}{2\pi} \left(\hbar\omega - \frac{\mu_L + \mu_R}{2}\right) T(\omega)(f_L - f_R) \tag{1-6}$$

从式 (1-6) 可以看出,为求解 σ_{th} 应先计算出透射系数 $T(\omega)$。透射系数的计算方法有很多,例如:散射或传递矩阵方法[11]、边界条件方法[12],模式匹配方法[13,14]等。这些方法在本质上都是相同的,采用单粒子散射理论,透射系数可以看作局部概率 $T_{if}(\omega)$ 的总和。$T_{if}(\omega)$ 是粒子从能量为 $\hbar\omega$ 的入射态 i 到相同能量的出射态 f 的透射概率[15]。

$$T(\omega) = \sum_i \sum_f T_{if}(\omega) = \text{Tr}\{\tau\tau^+\} \tag{1-7}$$

式中,τ 为散射矩阵的 $N_R \times N_L$ 维子矩阵;N_R 与 N_L 分别为左、右电极中的粒子通道数。利用单粒子格林函数透射系数还能写成另一种等价形式[16]:

$$T(\omega) = \text{Tr}\{G^r \Gamma_L G^a \Gamma_R\} \tag{1-8}$$

式中,G^r、G^a 分别为纳米结中心区域的推迟、超前格林函数;Γ_L、Γ_R 分别为左、右电极与中心区域的耦合强度,即粒子在结的中心区域和电极间散射的概率。利用式 (1-6) 计算纳米系统的热导能得到一个普遍的结论,即热导是量子化的。与一维电子系统中电导的量子化类似[17],低温时低维纳米系统的热导以 σ_0 为单位量子化[8,18,19]。在线性响应条件下,指定模数为 1 并令透射系数 $T(\omega) = 1$ 可以得出:

$$\sigma_0 = \frac{\pi^2 k_B^2 T}{3h} \tag{1-9}$$

由于在低维情况下(例如 1 维时)声子态密度与群速度的逆成正比,因此量子化热导与系统选取的材料无关。除此之外量子化热导与载流子的统计值无关[20]。近期的一系列实验已经测出了声子[21]、电子[22],甚至光子[23]的量子数 σ_0。

Landauer 公式 (1-6) 还可以用来研究体系的几何结构和温度对热输运的影响,例如缺陷、不同几何形状、周期调制以及表面粗糙对纳米线热导的作用。研究发现,通常无序和温度之间存在竞争关系,即无序能够降低不同输运模式的透射因子,有利于减小热导;而提高温度可以增加参与热输运的模式数量,从而会增大热导。这两个过程互相作用可以产生新奇的现象,例如 Santamore 和 Cross[24]通过理论计算发现表面粗糙形成的无序可以在一定温度范围内使得 σ_{th} 随温度增加而单调递增,这与实验上得到的结果一致。

到目前为止,描述粒子间存在相互作用的系统哈密顿量大多是在平均场近似下。如上文所述,有效单粒子绘景下利用与时间相关的 DFT 方法可以得出多体相互作用的影响。然而当相互作用的影响超过平均场水平时,可以利用非平衡格林函数(NEGF)方法[25],通过求解运动方程得到恰当的单粒子格林函数。然而非平衡格林函数方法对相互作用的存在区域有一定的限制,如果假设粒子的相互作用存在于整个系统(电极和纳米结构),单粒子格林函数得不到闭合的运动方程[26]。因此，通常假设电极中包含非相互作用的粒子，而相互作用的粒子只存在于中心纳米结构区域。假设电极中的电子无相互作用，并且在长时限内能够达到稳态，利用格林函数方法总的电流可以表示成[16]：

$$J = \frac{1}{4\pi} \int_0^\infty \hbar\omega d\omega [(G^r - G^a)(\Sigma_R^< - \Sigma_L^<) + iG^<(\Gamma_R - \Gamma_L)] \quad (1\text{-}10)$$

式中，G^r、G^a、$G^<$ 分别为延迟，超前和小于单粒子格林函数；$\Sigma_\alpha^<$ 为与 α（α=L，R）电极相关的小于自能；延迟自能与超前自能之差为电极与中心区域的耦合强度 $\Gamma_\alpha = i(\Sigma_\alpha^r - \Sigma_\alpha^a)$。方程（1-10）右面的第一项可以理解为偏压导致左右电极载流子差异引起的电流，第二项则与相互作用区域的非平衡分布函数有关。单粒子格林函数可以用来描述电子或声子的运动，在平均场近似下，方程（1-10）可以转化为方程（1-6）的形式。

非平衡格林函数方法同样可以用来研究电子-声子相互作用的影响。为了便于理论计算，忽略了电子-离子关联，总的热流可以看成源自两种不同粒子的贡献。例如，当电子之间在平均场水平有相互作用，并且在中心区域与声子相互作用，热流可以近似表示成电子贡献和声子贡献的总和 $J = J_{el} + J_{ph}$，其中的 J_{el}、J_{ph} 均可通过方程（1-10）求解。需要注意的是，此时的声子自能包含电子的贡献，电子自能也包含声子的贡献，电子或声子的贡献可以通过微扰方法计算。按照同样的思路，利用格林函数方法可以研究声子-声子相互作用的影响[27~29]。研究表明，电子-声子相互作用以及声子-声子相互作用都会降低系统的热导率。最后需要指出的是，由于纳米系统具有较大的电流密度，因此单位时间内，单位体积会发生大量的散射现象，理论计算中并不能包含全部重要的物理散射机制。

1.1.2.2 分子动力学方法

另一种计算热导率的有效方法是分子动力学（MD）方法[30]。从本质上讲，分子动力学方法归结为求解系统的经典运动方程。这种方法的起源可追溯到 1955 年 Fermi、Pasta 和 Ulam 研究非调和晶格中能量输运的工作。自此分子动力学方法广泛应用于经典一维系统热输运的研究[31, 32]。提供适当的边界条件，分子动力学方法同样可以处理量子效应[33]。由于系统的微观动力学过程由经典的牛顿运动方程描述，其量子本质只能通过间接条件引入（例如 Langevin 项中的噪声），所以应当把边界条件近似看作是准经典的。分子动力学方法的优势在于可以通过直接的方式模拟现实系统和结构。原子之间的作用力可以通过实际参数计算，因此可以较为容易地考虑几何形状、杂质以及结构等因素的影响。

利用分子动力学方法计算热输运，首先应引入系统的有限温度。通常的处理方法是在线性响应条件下，在牛顿运动方程中加入 Langevin 涨落项。Langevi 涨落项满足涨落-耗散关系，即流的双时关联函数与温度成正比[34]。给定系统有限温度，热导率可以通过下面两种方法得出。第一种是平衡 MD 方法，即利用线性响应 Green-Kubo 方程[31, 32, 35]：

$$\kappa = \frac{1}{3Vk_B T^2} \int_0^\infty <J_{th}(t)J_{th}(0)> dt \tag{1-11}$$

式中，V 为系统体积；k_B 为玻尔兹曼常量；T 为系统温度；$J_{th}(t) = \int d\mathbf{r} j_{th}(\mathbf{r}, t)$ 为热流密度 $j_{th}(\mathbf{r}, t)$ 对整个系统的积分；尖括号表示无热梯度情况下的平衡总体平均。平衡分子动力学方法计算热导率的缺陷在于：首先由于 Green-Kubo 方程是在热力学极限下推导出的，因此将其应用于有限系统不一定很合理[36]；其次，为了确保 Green-Kubo 方程成立，需要假设系统的温度梯度很小，并不适于与所有试验情况比对。

另一种常用到的方法是非平衡 MD 方法，这种方法可以用来处理热库间存在较大温差的情况。一旦系统的动力学达到稳定态，可以计算出温度分布和局域热流，进而计算出热导率。这种模型的不足之处在于，局域热流的求解需要定义局域能量算符，但是局域能量算符不总是唯一量[31, 37]。而且计算局域热流时还需要定义和计算局域温度。对于温度高于典型振动模式温度的高温情况，分布函数几乎是经典的，量子效应可被忽略。此时可以像定义分子动能一样定义局域温度，但是在低温时温度的定义与声子的平衡分布相关[33]。另外，这种方法的明显优势在于其并不依赖于热力学极限假设，因此对任意尺寸的系统都适用，这对于纳米系统的研究非常重要。例如，Yang 等人用非平衡 MD 方法研究了 Fourier 定律和 Si 纳米线的热导。研究表明 Si 纳米线中 Fourier 定律不再成立。依照相同的研究思路，近期一些科技工作者相继研究了碳纳米管、金刚石纳米棒以及聚乙烯链的热导。

1.2 热 电 势

1.2.1 基本定义

这一部分将讨论纳米结中的热电势。热电势现象是指结两侧的温度差引起的电势差。从应用角度讲这个现象的重要性在于可以把物理过程产生的废热重新利用，且可以不依赖任何机械运动部件产生电能。由于热电势的产生结合了能量和电荷的流动，可以给出电荷输运实验无法得到的系统动力学信息，因此这个现象同样具有基础科学价值[40]。本章讨论的纳米结是由纳米级元件和两个电极组成，中心区域的纳米元件可以是量子点、分子、纳米管等，左右电极的温度分别为 T_L 和 T_R，温度差 $\Delta T = T_R - T_L$ 引起热流和电荷流。对于闭合电流，电荷会在结的一侧积累，在结的另一侧耗散，因此电荷流为零，结的两侧形成电压。电路开路时，电极两侧施加偏压 ΔV，偏压引起的电流与热流相互抵消。然而需要注意的是，在给定温差下上述两个过程产生的电压差可能不同。实际实验中，电压差的大小还与探测的位置有关。

热电势 S 可定义为电流为零时，温差引起的电压 ΔV 与温度梯度 ΔT 的比值（$\Delta T \to 0$）：

$$S = -\left.\frac{\Delta V}{\Delta T}\right|_{I=0} \quad (1\text{-}12)$$

这个定义也可以通过线性响应下电流的表达式理解，即 $I = G\Delta V + L_T \Delta T$，其中 G 是电导；L_T 是与能量流相关的响应系数。利用方程（1-12）很容易得到 $S = L_T/G$。因此为了确定 S 值，需要首先确定电导 G 以及热响应 L_T 的值。值得注意的是，热电势可以量度器件或材料在给定温差产生电压的大小，热电势较大的材料在很小的温差下能够产生较大的电压，但是具有较大热电势的材料或器件却不一定具有较大的热电转换效率。真实器件或材料的热电转换效率与无量纲的热电优值系数（figure of merit）有关。

$$ZT = \frac{GS^2 T}{\sigma_{\text{th}}} \quad (1\text{-}13)$$

式中，T 为系统温度[39]。热电势（塞贝克系数）S 量度给定的温度梯度能产生多大的电压；电导 G 衡量电荷通过系统产生电压降的难易程度；热度 σ_{th} 度量热量流经系统的难易程度，即系统维持温度梯度的能力。

通常认为有应用价值的热电材料的 ZT 值应大于 1。从方程（1-13）可以看出，为了得到较大的 ZT 值，需要尽量提高系统的热电势和电导，降低热导。但是由于受到 Wiedemann-Franz 定律的限制，对于体材料电导率和热导率两者之间并不完全独立，需要满足如下关系：

$$\frac{\kappa}{\sigma} = \left(\frac{\pi^2 k_B^2}{3e^2}\right)T \quad (1\text{-}14)$$

这也就是说很难使电导率和热电势增大的同时热导率不随之增加。但是理论和实验研究发现在一些强相互作用的纳米尺度器件和材料中 Wiedemann-Franz 定律不再成立。所以有望在纳米器件中实现较高的热电转换效率。

1.2.2 理论方法

1.2.2.1 热电势的单粒子理论

在单粒子近似条件下电流可表示成 Landauer 公式的形式[40]：

$$I = \frac{e}{\pi\hbar}\int_{-\infty}^{\infty} \tau(\varepsilon)[f_L(\varepsilon) - f_R(\varepsilon)]\mathrm{d}\varepsilon \quad (1\text{-}15)$$

式中，$\tau(\varepsilon)$ 为能量为 ε 的电子的透射系数；f_L、f_R 分别为左、右热极的费米分布函数。在小偏压和温度梯度极限下（即 $\Delta T \ll T$、$e\Delta V \ll \mu$，其中 T 为背景温度；μ 为平衡化学势），分布函数可以写成（$\alpha =$ L，R）[40]：

$$f(\varepsilon, \mu_\alpha, T_\alpha) \cong f(\varepsilon, \mu, T) \pm \frac{\mathrm{d}f}{\mathrm{d}\varepsilon}(\mu - \mu_\alpha) \mp \frac{\mathrm{d}f}{\mathrm{d}\varepsilon}(\varepsilon - \mu_0)\frac{T_\alpha - T}{T} \quad (1\text{-}16)$$

式中，$f(\varepsilon)$ 为平衡分布，正负号分别对应于电化学势高于或低于平衡化学势的情况。将方程（1-16）代入方程（1-15）并令电流为零可以得到：

$$S(T) = \frac{1}{eT}\frac{\int_{-\infty}^{+\infty}\tau(\varepsilon)(\varepsilon-\mu)[-f''(\varepsilon)]\mathrm{d}\varepsilon}{\int_{-\infty}^{+\infty}\tau(\varepsilon)[-f'(\varepsilon)]\mathrm{d}\varepsilon} \quad (1\text{-}17)$$

从式（1-17）可以看出如下性质：首先 $T=0$ 时，$-f'(\varepsilon)=\delta(\varepsilon-\mu)$，式（1-17）的分子为零，因此 $S(T=0)=0$；其次，即使在有限温度下 $f'(\varepsilon)$ 也相对于平衡化学势 μ 对称，因此除了 $\tau(\varepsilon)$ 不关于 μ 对称的情况，热电势恒为零，即 $S=0$。这与体材料的情况类似，对于体材料只有电子-空穴对称被打破时才存在有限热电势。

通过采取低温极限并且假设平衡化学势附近没有电子共振可以进一步简化 $S(T)$。把方程（1-17）中的分子项在 $\mu(T=0)=\varepsilon_F$ 附近做一阶 Sommerfeld 展开可以得到[40]：

$$\int_{-\infty}^{+\infty}\mathrm{d}\varepsilon\tau(\varepsilon)(\varepsilon-\mu)[-f'(\varepsilon)] \approx \frac{\pi^2}{6}k_B^2T^2\frac{\mathrm{d}^2[\tau(\varepsilon)(\varepsilon-\mu)]}{\mathrm{d}\varepsilon^2}\bigg|_{\varepsilon_f} = \frac{\pi}{3}k_B^2T^2\tau'(\varepsilon)$$
$$(1\text{-}18)$$

因此热电势可以简化成如下形式：

$$S = \frac{\pi}{3}k_B T\mathrm{d}\frac{\ln[\tau(\varepsilon)]}{\mathrm{d}\varepsilon}\bigg|_{\varepsilon_f} \quad (1\text{-}19)$$

式（1-19）类似于体金属材料的 Mott 半经典方程。值得强调的是，热电势的近似形式只在低温且远离透射共振的情况下成立[40, 41]。

利用 Landauer 公式的优点在于求解热电势的过程简单明了，只需要按照 1.2.2 节中提到的方法计算出 $\tau(\varepsilon)$，便可计算出系统的热电势。这也使得这种方法的应用非常广泛。方程（1-19）最早被用来研究量子点接触和量子点系统中的热电势[42~44]。在这两种介观系统中，可以用门电压调节量子点接触的宽度或者量子点能级的位置，从而引起量子化电导和库仑阻塞。

事实证明对于以上两种情况 Landauer 方法理论计算得到的热电势值与实验结果符合得很好[42]。然而近期的研究发现，当系统中包含较强相互作用时，理论计算与实验测量间存一定的偏差[45~48]。事实上，对于纳米系统上述方法存在一定的局限性。首先，因为这种方法是在假设电子间无相互作用的条件下得到的，也就是说只有在平均场水平才能把相互作用的影响纳入投射系数 $\tau(\varepsilon)$。因此对于强关联系统电流的计算不应选取 Landuer 方程，而应选用非平衡格林函数或速率方程等方法[49]；此外 Landaner 方法在零耦合极限下无法得到正确的结果。为了说明这点，下面考虑一个简单的纳米结模型：单共振能级与两个电极对称耦合。透射系数可由 Breit-Wigner 方程得到，$\tau(\varepsilon) = \Gamma^2/[\Gamma^2 + (\varepsilon - \varepsilon_F)^2]$，其中 Γ 是电极引起的能级展宽。把透射系数代入 S 的表达式并令 $\Gamma \to 0$，可以得到 $S = -(2\pi^2/3)(k_B^2/e)[T/(\varepsilon - \varepsilon_F)]$。然而对于真实器件，很明显电极与中心元件分离时不存在温差引起的电压。产生这种差异的原因在于，在线性响应计算过程中已经假设温度差为最小的能量标度，但是在 $\Gamma \to 0$ 的极限下，Γ 同样接近最小的能量标度，线性响应近似被破坏。

除了讨论系统的热电性质，通过计算热电势还能得到电导所不能反映出的其他信息。例如研究分子结中的热电势可以确定费米能级的准确位置[50]。假设分子结 HOMO 和 LUMO 态对应的能量分别为 ε_{HOMO} 和 ε_{LUMO}。透射函数由两个能级分别对应的 Lorenzian 项组成：

$$\tau(\varepsilon) = \frac{\Gamma_L \Gamma_R}{\widetilde{\Gamma}^2 + (\varepsilon_F - \varepsilon_{HOMO})^2} + \frac{\Gamma_L \Gamma_R}{\widetilde{\Gamma}^2 + (\varepsilon_F - \varepsilon_{LUMO})^2} \quad (1-20)$$

式中，Γ_L、Γ_R 分别为左、右电极引起的能量展宽，$\widetilde{\Gamma} = (\Gamma_L + \Gamma_R)/2$。根据这个简单模型可以看出，透射系数取任意值时，在 ε_{HOMO} 和 ε_{LUMO} 区间内都存在两个费米能量值同时满足方程（1-20）的解，因此仅利用电导不足以确定费米能级的位置。然而由于 HOMO-LUMO 谷内热电势的符号是由费米能级的位置决定的，因此利用热电势的符号可以辨别两个费米能级中哪一个是方程（1-20）的解。这与体材料中的热电势的符号作用相似，体材料中热电势的正负可以判定是电子导电或空穴导电。

1.2.2.2 开放量子系统方法

借鉴有限系统中电流的研究思路[51, 52]，同样可以研究两个电极存在温度差的有限系统（即纳米结构与有限电极相连）。如果系统的热电响应有限，电荷将在两个电极间流动直至产生的电势抵消热梯度的影响，这会造成两个电极间电荷的不平衡。值得注意的是与分布函数受边界条件限制的静态方法不同，开放量子系统方法允许系统通过瞬态动力学得到其电荷分布，并且即使电荷流为零能量流依然存在这与实际试验中的情况相同。于是通过计算温差引起的电荷不平衡就能得到纳米结的热电响应信息。开放量子系统方法不只局限于线性响应区域，对于大温差的非线性情况同样成立。

Di Ventra 和 D'Agosta 理论证明，如果用无记忆近似（memoryless approximation）处理热库-电子相互作用，平均电流密度和矢势之间存在一一对应关系，因此可以把时间相关的电流 DFT 理论拓展到开放量子系统[53,54]。对于存在热库的哈密顿量子系统可用随机薛定谔方程（stochastic schrödinger equation）描述（$\hbar = 1$）：

$$\dot{\psi}(t) = -iH\psi(t) - \frac{1}{2}\hat{V}^+\hat{V}\psi(t) + l(t)\hat{V}\psi(t) \qquad (1\text{-}21)$$

式中，$\psi(t)$ 为多体态矢量；H 为系统的哈密顿量；$\hat{V}$ 为与位置和（或）时间相关的库算符；$l(t)$ 为随机场，它的平均值为零并且自相关函数为 δ 函数 $<l(t)> = 0$，$<l(t)l(t')> = \delta(t-t')$ [55]。

Dubi 和 Di Ventra 利用这种方法研究了一个简单的无自旋无相互作用电子系统模型中的热电势[56]。在这个模型中两个温度不同的平面导线通过纳米线相连。热库-电子相互作用可通过算符 $\hat{V}_{kk'}^{L,R}$ 描述为：

$$\left. \begin{array}{l} \hat{V}_{kk'}^{L} = \sqrt{\hat{\gamma}_{kk'}^{L} f^{L}(\varepsilon_k)} \,|k><k'| \\ \hat{V}_{kk'}^{R} = \sqrt{\hat{\gamma}_{kk'}^{R} f^{R}(\varepsilon_k)} \,|k><k'| \end{array} \right\} \qquad (1\text{-}22)$$

式中，$|k>$ 为哈密顿量的单粒子态；f^L、f^R 分别为包含左、右热库温度信息的费米函数；$\hat{\gamma}_{kk'}^{L}$、$\hat{\gamma}_{kk'}^{R}$ 分别为左、右热库电子在 k 态和 k' 态间跃迁的概率。求解相应的运动方程可以得到波函数，从而可以计算出稳态时的电子密度、势能以及热流。研究发现，热电势是温度梯度的非线性函数，具有非线性特征，这表明线性响应区域并不一定是操控热电设备的最理想条件。另一个有趣的特征是，热电势（导线中的电荷非平衡）对纳米线和电极的耦合有较强的依赖性，这与金属量子点接触中热电势的实验研究结果一致[57]。

1.3 量子点系统中的热电效应理论方法

在本节中，将以线性响应区域和非平衡态的情况下单量子点两端口系统为例，简单介绍非平衡态格林函数在热电效应理论计算中的应用。

1.3.1 量子点的基本性质与 Rashba 自旋轨道耦合

量子点[58]作为典型的零维结构，目前通过应变自组装技术[59]、微结构生长和微细加工相结合[60,61]等方法，其形状、尺寸以及结构目前都可以实现较为精确的调节。由于量子点内的电子在三个维度上都受到限制，因此点内的能级呈现离散分布的特点，有限数目个电子填充在这些能级上，于是在输运过程中，参与输运的电子的态密度函数通常都比较窄，符合具有较高转换效率的热电输运的要求；同时，由于晶格失配[62,63]和声子散射加剧等原因，量子点系统中的声子热导率通常可以忽略不计。

Rashba 自旋轨道耦合效应源于晶体结构反演不对称,通常是由于在外加电场或是半导体材料的结构组成的不同引起。一般来说,Rashba 自旋轨道效应的哈密顿量可写成如下形式:

$$H_R = \frac{\hat{y}}{2\hbar}[\alpha(\hat{\sigma} \times \boldsymbol{p}) + (\hat{\sigma} \times \boldsymbol{p})\alpha] = \frac{1}{2\hbar}[\alpha(x)\hat{\sigma}_z p_x + \hat{\sigma}_z p_x \alpha(x)] - \frac{\alpha(x)\hat{\sigma}_x p_z}{\hbar}$$
(1-23)

式中,α 为 Rashba 自旋轨道耦合作用的耦合强度。式(1-23)等号右边两项在量子点的电子输运过程中起着不同的作用。量子点系统中,在合适的表象下可以将这两项二次量子化为:

$$H_1 = \sum_{k,\sigma}(\varepsilon_{k\beta} + \sigma M_\beta) a^+_{k\beta\sigma} a_{k\beta\sigma} + \sum_{n,\sigma} \varepsilon_n d^+_{n\sigma} d_{n\sigma} +$$

$$\sum_{k,n,\sigma,\beta}\left[t_{k\beta n}\left(\cos\frac{\theta_\beta}{2} a^+_{k\beta\sigma} - \sigma\sin\frac{\theta_\beta}{2} a^+_{k\beta\bar\sigma}\right) e^{\frac{i\sigma\phi_R}{2}} e^{-i\sigma k_R x_R} d_{n\sigma} + \text{H.c.}\right]$$

$$H_2 = \sum_{m,n} t^{so}_{mn} d^+_{m\downarrow} d_{n\uparrow} + \text{H.C.}$$
(1-24)

式中,x_R、k_R、ϕ_R 为对式(1-23)进行幺正变化而引入的参量。因此,从式(1-24)可以看出,Rashba 自旋轨道耦合存在两个效应[56,57]:(1)电子在输运过程中获得一个自旋相关的相位;(2)量子点内不同能级上的电子出现自旋翻转。

1.3.2 两端口系统中的热电输运

对于最简单的双端口单量子点系统,可以将系统的哈密顿量表示为:

$$H = \sum_{k\alpha\sigma} \varepsilon_{k\alpha\sigma} c^+_{k\alpha\sigma} c_{k\alpha\sigma} + \sum_\sigma \varepsilon_d d^+_\sigma d_\sigma + \sum_{k\alpha\sigma}(t_\alpha c^+_{k\alpha\sigma} d_\sigma + \text{H.c.}) \quad (1\text{-}25)$$

式中,$c^+_{k\alpha\sigma}$($c_{k\alpha\sigma}$)为 α 端口中具有能量 $\varepsilon_{k\alpha\sigma}$、动量 k 和自旋 σ 的电子的产生(湮灭)算符;d^+_σ(d_σ)为量子点内能级 ε_d 上带有自旋 σ 的电子的产生(湮灭)算符;最后一项为端口和量子点和端口间的隧穿项,这里采用宽带近似,假定耦合强度与电子的能量、自旋态无关,记作 t_α。

此时左端口中自旋相关的电流 $I_{L\sigma}$ 和热流 $J^Q_{L\sigma}$ 可以用粒子数的变化表示,在能量空间下,转换为求解 $\ll d_\sigma | c^+_{kL} \gg$:

$$\begin{cases} I_{L\sigma} = -e < \dot N_{L\sigma} > = \frac{2e}{h}\text{Re}\left[\int t_L \Sigma_K \ll d_\sigma | c^+_{kl} \gg^<_\omega d\omega\right] \\ J^Q_{L\sigma} = <(\varepsilon - \mu_L)\dot N_{L\sigma}> = -\frac{2}{h}\text{Re}\left[\int (\varepsilon - \mu_L) t_L \Sigma_K \ll d_\sigma | c^+_{kl} \gg^<_\omega d\omega\right]\end{cases}$$
(1-26)

采用的运动方程（EOM）方法。在能量空间，有格林函数的运动方程：

$$\omega \ll d_i | d_j^+ \gg^r = < \{d_i, d_j^+\} > + \ll [d_i, H] | d_j^+ \gg^r$$

$$\omega \ll d_i | d_j^+ \gg^< = g_i^<(\omega) < \{d_i, d_j^+\} > + g_i^r(\omega) \ll [d_i, H] | d_j^+ \gg_\omega^< +$$

$$g_i^<(\omega) \ll [d_i, H] | d_j^+ \gg^a \tag{1-27}$$

式中，$[A, B]$ 为 A 和 B 算符的对易关系；$\{A, B\}$ 为 A 和 B 算符的反对易关系；g_i^r、$g_i^<$ 分别为无相互作用的推迟、小于格林函数。

利用式（1-27）、式（1-26）中的 $\ll d_\sigma | c_{kL}^+ \gg_\omega^<$ 可以展开为

$$\ll d_\sigma | c_{kL}^+ \gg^< = t_L \ll d_\sigma | d_\sigma^+ \gg^r g_{kL}^<(\omega) + t_L \ll d_\sigma | d_\sigma^+ \gg^< g_{kL}^a(\omega) \tag{1-28}$$

式中，$g_{kL}^r(\omega)$、$g_{kL}^<(\omega)$、$g_{kL}^a(\omega)$ 分别为左端口中无相互作用的电子的小于、推迟、超前格林函数，可以写作：$g_{kL}^<(\omega) = i2\pi f_L(\omega)\delta(\omega - \varepsilon_{kL})$；$g_{kL}^r(\omega) = -i\pi\delta(\omega - \varepsilon_{kL})$；$g_{kL}^a(\omega) = i\pi\delta(\omega - \varepsilon_{kL})$。因此，式（1-28）可以改写为

$$\ll d_\sigma | c_{kL}^+ \gg^< = t_L \ll d_\sigma | d_\sigma^+ \gg^r i2\pi f_L(\omega)\delta(\omega - \varepsilon_{kL}) +$$

$$t_L \ll d_\sigma | d_\sigma^+ \gg^< i\pi\delta(\omega - \varepsilon_{kL}) \tag{1-29}$$

在式（1-29）中对电极中电子的能量 k 求和，将 $\sum_k \delta(\omega - \varepsilon_{kL})$ 替换为电极中电子的态密度 $\rho_{L\sigma}$：

$$\sum_k t_L \ll d_\sigma | c_{kL}^+ \gg^< = i2\pi\rho_{L\sigma} f_L(\omega) t_L^2 \ll d_\sigma | d_\sigma^+ \gg^r + i\pi\rho_{L\sigma} t_L^2 \ll d_\sigma | d_\sigma^+ \gg^<$$

$$\tag{1-30}$$

在宽带近似下，$\Gamma_{\alpha\sigma} = 2\pi\rho_{\alpha\sigma} t_\alpha^2$。于是左端口自旋向上的电流和热流可以表示为

$$\begin{cases} I_{L\sigma} = \dfrac{2e}{h}\text{Re}\left[\int d\omega \left(i\Gamma_{L\sigma} f_L(\omega) \ll d_\sigma | d_\sigma^+ \gg^r + i\dfrac{\Gamma_{L\sigma}}{2} \ll d_\sigma | d_\sigma^+ \gg^<\right)\right] \\ J_{L\sigma}^Q = -\dfrac{2}{h}\text{Re}\left[\int d\omega(\varepsilon - \mu_L)\left(i\Gamma_{L\sigma} f_L(\omega) \ll d_\sigma | d_\sigma^+ \gg^r + i\dfrac{\Gamma_{L\sigma}}{2} \ll d_\sigma | d_\sigma^+ \gg^<\right)\right] \end{cases}$$

$$\tag{1-31}$$

问题变成求解量子点（或中心区域）的推迟/小于格林函数 $\ll d_\sigma | d_\sigma^+ \gg^r / \ll d_\sigma | d_\sigma^+ \gg^<$。而对于右端口的情况，仅需要将脚标 L 换成 R 即可：

$$\begin{cases} I_{R\sigma} = \dfrac{2e}{h}\text{Re}\left[\int d\omega \left(i\Gamma_{R\sigma} f_R(\omega) \ll d_\sigma | d_\sigma^+ \gg^r + i\dfrac{\Gamma_{R\sigma}}{2} \ll d_\sigma | d_\sigma^+ \gg^<\right)\right] \\ J_{R\sigma}^Q = -\dfrac{2}{h}\text{Re}\left[\int d\omega(\varepsilon - \mu_R)\left(i\Gamma_{R\sigma} f_R(\omega) \ll d_\sigma | d_\sigma^+ \gg^r + i\dfrac{\Gamma_{R\sigma}}{2} \ll d_\sigma | d_\sigma^+ \gg^<\right)\right] \end{cases}$$

$$\tag{1-32}$$

容易发现在上面式（1-26）~式（1-31）的推导计算过程中，并不涉及对量子点内的电子升降算符的运动方程计算，因此，以上结果可以推广至两端口与任一体系中心区域耦合的情形。当这一中心区域内的电子不存在相互作用，典型的例子就是单量子点的情况，可以将公式做出进一步的化简：根据电流守恒（或者粒子数守恒），很容易有 $I_{L\sigma} = -I_{R\sigma}$ 以及总的自旋相关的电流 $I_\sigma = I_{L\sigma} - I_{R\sigma}$。定义一个参量 x，一方面它满足

$$I_\sigma = x I_{L\sigma} - (1-x) I_{R\sigma} \tag{1-33}$$

另一方面，它使 I_σ（J_σ^Q）不包含小于格林函数 $\ll d_\sigma | d_\sigma^+ \gg^<$，因此，可以容易有

$$x = \frac{\Gamma_{R\sigma}}{\Gamma_{L\sigma} + \Gamma_{R\sigma}} \tag{1-34}$$

将式（1-32）和式（1-34）代入式（1-33），可以得到：

$$\begin{cases} I_\sigma = \dfrac{2e}{h} \int d\omega (f_L - f_R) \tau_\sigma(\omega) \\ J_{L(R)\sigma}^Q = \dfrac{2}{h} \int d\omega (\varepsilon - \mu_{L(R)}) (f_{L(R)} - f_{R(L)}) \tau_\sigma \end{cases} \tag{1-35}$$

在式（1-35）中，$\tau_\sigma(\omega) = -\dfrac{\Gamma_{L\sigma} \Gamma_{R\sigma}}{\Gamma_{L\sigma} + \Gamma_{R\sigma}} \mathrm{Im}(\ll d_\sigma | d_\sigma^+ \gg^r)$，即为无相互作用的中心区域（如单量子点）的透射概率函数。

需要特别说明的是，以上关于电（热）流的计算过程中，并未涉及中心区域哈密顿量的具体形式，因此式（1-35）对无相互作用的两端口系统是普遍适用的。对于单量子点系统，不考虑库仑排斥作用的情况下，可以将中心区域的哈密顿量写作 $H_D = \sum_\sigma \varepsilon_d d_\sigma^+ d_\sigma$，并与求解式（1-27）类似的采用运动方程方法求解量子点内的推迟格林函数 $\ll d_\sigma | d_\sigma^+ \gg^r$：

$$\begin{aligned} \omega \ll d_\sigma | d_\sigma^+ \gg^r &= \langle \{d_\sigma, d_\sigma^+\} \rangle + \ll [d_\sigma, H] | d_\sigma^+ \gg^r \\ &= 1 + \varepsilon_d \ll d_\sigma | d_\sigma^+ \gg^r + \sum_\alpha t_\alpha \ll c_{k\alpha} | d_\sigma^+ \gg^r \end{aligned} \tag{1-36}$$

进一步对 $\ll c_{k\alpha} | d_\sigma^+ \gg^r$ 使用运动方程，最终可以得到：

$$\ll d_\sigma | d_\sigma^+ \gg^r = \left[g_d^{-1} + \frac{i}{2}(\Gamma_{L\sigma} + \Gamma_{R\sigma}) \right]^{-1} \tag{1-37}$$

式中，$g_d = (\omega - \varepsilon_d)^{-1}$ 是无耦合量子点内的推迟格林函数。对于存在库仑排斥作用的时候，式（1-37）仍将适用，仅需要计算修改 g_d 的形式。至此，给出了最简单的两端口单量子点系统中的主要理论推导过程。

1.3.3 线性响应区域自旋相关热电参量的计算

在线性响应区域,更为关注的是系统的线性电导 G 和 Seebeck 系数(或热电势)S。考虑在系统的左右两个端口施加很小的温度偏压 ΔT 和电势差 ΔV,由式(1-35),可以得到:

$$\begin{pmatrix} I_\sigma \\ J_{L\sigma}^Q \end{pmatrix} = \begin{pmatrix} \dfrac{2e^2}{h}K_{0\sigma} & -\dfrac{2e}{hT}K_{1\sigma} \\ -\dfrac{2e}{hT}K_{1\sigma} & \dfrac{2}{hT}K_{2\sigma} \end{pmatrix} \begin{pmatrix} \Delta V \\ \Delta T \end{pmatrix} \quad (1\text{-}38)$$

式中,$K_{n\sigma} = \int d\omega (-\partial f/\partial \omega)(\omega - \mu_0)^n \tau_\sigma(\omega)$,而 μ_0 是系统端口在平衡态时的费米能。在线性响应区域,根据自旋相关的线性电导 G_σ、自旋相关的 Seebeck 系数 S_σ 和自旋为 σ 的电子对热导率的贡献 $\kappa_{el\sigma}$ 的定义:

$$\begin{cases} G_\sigma = \lim\limits_{\delta V \to 0} I_{L\sigma}/\delta V \big|_{\delta T = 0} \\ S_\sigma = -\lim\limits_{\delta T \to 0} \delta V/\delta T \big|_{I_{L\sigma} = 0} \\ \kappa_{el\sigma} = -\lim\limits_{\delta T \to 0} J_{L\sigma}^Q/\delta T \big|_{I_{L\sigma} = 0} \end{cases} \quad (1\text{-}39)$$

于是,结合式(1-38),可以得到:

$$\begin{cases} G_\sigma = \dfrac{2e^2}{h}K_{0\sigma}(\mu_0, T) \\ S_\sigma = -\dfrac{K_{1\sigma}(\mu_0, T)}{K_{0\sigma}(\mu_0, T)} \\ \kappa_{el\sigma} = \dfrac{2}{hT}\left[K_{2\sigma}(\mu_0, T) - \dfrac{K_{1\sigma}^2(\mu_0, T)}{K_{0\sigma}(\mu_0, T)}\right] \end{cases} \quad (1\text{-}40)$$

由此可以计算电导(自旋电导)$G_{c/s} = G_\uparrow \pm G_\downarrow$、Seebeck 系数(自旋 Seebeck 系数)$S_{c/s} = (S_\uparrow \pm S_\downarrow)/2$ 以及电子对热导率的贡献 $\kappa_{el} = \sum\limits_\sigma \kappa_{el\sigma}$ 并进而得到系统的电荷热电优值 $Z_c T = \dfrac{S_c^2 G_c}{\kappa_{el}}$ 以及自旋热电优值 $Z_s T = \dfrac{S_s^2 G_s}{\kappa_{el}}$。

为了更好地理解两端口量子点系统在线性响应区域的热电效应,可以对式(1-38)中的 $K_{n\sigma}$ 做 Sommerfeld 展开:

$$\begin{cases} K_{0\sigma}(\mu, T) = \tau_\sigma(\mu) + \dfrac{\pi^2}{6\beta^2}\tau^{(2)}(\mu) + \dfrac{7\pi^4}{360\beta^4}\tau^{(4)}(\mu) + O\left(\dfrac{1}{\beta^6}\right) \\ K_{1\sigma}(\mu, T) = \dfrac{\pi^2}{3\beta^2}\tau^{(1)}(\mu) + \dfrac{7\pi^4}{360\beta^4}\tau^{(3)}(\mu) + O\left(\dfrac{1}{\beta^6}\right) \\ K_{2\sigma}(\mu, T) = \dfrac{\pi^2}{3\beta^2}\tau(\mu) + \dfrac{7\pi^4}{30\beta^4}\tau^{(2)}(\mu) + O\left(\dfrac{1}{\beta^6}\right) \end{cases} \quad (1\text{-}41)$$

因此，在仅考虑一阶近似的情况下，将式（1-41）代入式（1-40）可以得到：

$$\begin{cases} G_\sigma \cong \dfrac{2e^2}{h}\tau_\sigma(\mu_0) \\ S_\sigma \cong -\dfrac{\pi^2}{3k_B^2T^3e}\ln^{(1)}\tau_\sigma(\mu_0) \\ \kappa_{\mathrm{el}\sigma} \cong \dfrac{2\pi^2k_B^2T}{3h}\tau_\sigma(\mu_0) \end{cases} \quad (1\text{-}42)$$

对于单量子点系统，结合式（1-37），可知系统的自旋相关的电导 G_σ 与自旋相关的电子电导 $\kappa_{\mathrm{el}\sigma}$ 同时正比于自旋相关的透射概率函数 τ_σ，并且将在量子点内的能级 ε_d 参与输运通道时出现峰值；而对于自旋相关的 Seebeck 系数 S_σ，是与透射概率函数的一阶导数相关，而 $\ln\tau_\sigma$ 函数在解析延拓过程中有两个留数，因此会产生相应的两个峰值（一个峰、一个谷）。峰谷之间对应的零点，产生于电子和空穴对热电势的贡献相互抵消；通过以上两点，可以知道系统的热电优值将会在量子点能级附近出现两个峰，其中一个对应空穴对热电效应的贡献，另一个则是电子对热电效应的贡献。在一些复杂体系，类似的效应也同样被人们所证实[64~68]。

1.3.4 非平衡态

对于非平衡态，采用热电优值来描述系统的热电转换效率将不太合适，通常的处理是计算系统在温度梯度 ΔT（左右端口的温度满足 $T_L - T_R = \Delta T > 0$）和反向的电偏压 V_{bias}（左右端口的费米面满足 $\mu_L - \mu_R = -eV_{\mathrm{bias}} < 0$）条件下，流进中心区域的热流转换的电流产生的电功率（即输出功）P 所占比，即是系统的热电转换效率 η。这一转换效率通常比较低，在与理想 Carnot 机做比较时，通常用标准化热电转换效率 η/η_C。目前，学者的理论工作表明这一标准化的转换效率 η/η_C 能达到 50% 左右的水平，甚至能接近理想 Carnot 机的输出效率。

在单量子点系统中，结合式（1-35）和式（1-38），可以得到

$$\begin{cases} I_\sigma \cong \dfrac{\pi^2k_BT_R}{3}[\tau'_\sigma(\mu)\Delta T - eV_{\mathrm{bias}}\tau_\sigma(\mu)] \\ J_L^Q = \sum_\sigma J_{L\sigma}^Q = \dfrac{2\pi^2k_BT_R}{3}[\tau_\sigma(\mu)\Delta T + eV_{\mathrm{bias}}T_R\tau'_\sigma(\mu)] \end{cases} \quad (1\text{-}43)$$

可以看出，由于温度梯度 ΔT 和反向的电偏压 V_{bias} 的存在，当量子点内的能级位于两端口费米面以下时，电偏压对输运起主导作用，系统将产生负向的电流；随着量子点内能级 ε_{d} 逐步上升（可以通过门电压调制），温度梯度驱动的电流将成为主要贡献，电流将会在 $\tau'/\tau > \dfrac{3eV_{\text{bias}}}{\pi^2 k_{\text{B}} t_{\text{R}} \Delta T}$ 时转为正向电流，此时系统对外输出功率。可以定义系统的对外做功功率为

$$P_{\text{out}} = \begin{cases} IV_{\text{bias}}, & I \geqslant 0 \\ 0, & \text{其他} \end{cases} \tag{1-44}$$

当 $I \geqslant 0$ 时，$P_{\text{out}} = IV_{\text{bias}} = J_{\text{L}} + J_{\text{R}}$。这一过程即是热流从左端口流进中心区域，部分转换成电流流出，剩余的热量以热流的形式从右端口流出（$J_{\text{R}} < 0$）。在系统对外做功的情况下，可以定义系统的热电转换效率 η：

$$\eta = P_{\text{out}}/J_{\text{L}} \tag{1-45}$$

参 考 文 献

[1] Fourier J. Theorie Analytique de la Chaleur [M]. Paris: Didot, 1822.
[2] Schmidt D R, Schoelkopf R J, Cleland A N. Photon-mediated thermal relaxation of electrons in nanostructures [J]. Physical Review Letters, 2004, 93: 045901.
[3] Peierls R E. Quantum Theory of Solids [M]. New York: Oxford University Press, 1955.
[4] Ashcroft N W, Mermin N D. Solid State Physics [M]. Belmont: Brooks-Cole, 1976.
[5] Landauer R. Electrical resistance of disordered one-dimensional lattices [J]. Philosophical Magazine, 1970, 21: 863.
[6] Datta S. Electronic Transport in mesoscopic systems [M]. Cambridge: Cambridge University Press, 1997.
[7] Imry Y. Introduction to mesoscopic physics [M]. New York: Oxford University Press, 1997.
[8] Rego L G C, Kirczenow G. Quantized thermal conductance of dielectric quantum wires [J]. Physical Review Letters, 1998, 81: 232.
[9] Blencowe M. Quantum energy flow in mesoscopic dielectric structures [J]. Physical Review B, 1999, 59: 4992.
[10] Boukai A, Xu K, Heath J. Size-dependent transport and thermoelectric properties of individual polycrystalline bismuth nanowires [J]. Advanced Materials, 2006, 18: 864.
[11] Tong P, Li B, Hu B. Wave transmission, phonon localization, and heat conduction of a one-dimensional Frenkel-Kontorova chain [J]. Physical Review B, 1999, 59: 8639.
[12] Wang J, Wang J S. Mode-dependent energy transmission across nanotube junctions calculated with a lattice dynamics approach [J]. Physical Review B, 2006, 74: 054303.
[13] Ando T. Quantum point contacts in magnetic fields [J]. Physical Review B, 1991, 44: 8017.
[14] Ting D Z Y, Yu E T, McGill T C. Multiband treatment of quantum transport in interband tunnel devices [J]. Physical Review B, 1992, 45: 3583.

[15] Buttiker M, Imry Y, Landauer R. Generalized manychannel conductance formula with application to small rings [J]. Physical Review B, 1985, 31: 6207.

[16] Meir Y, Wingreen N S. Landauer formula for the current through an interacting electron region [J]. Physical Review Letters, 1992, 68: 2512.

[17] Van Wees B J, Van Houten H, Beenakker C W J, et al. Quantized conductance of point contacts in a two-dimensional electron gas [J]. Physical Review Letters, 1988, 60: 848.

[18] Maynard R, Akkermans E. Thermal conductance and giant fluctuations in one-dimensional disordered systems [J]. Physical Review B, 1985, 32: 5440.

[19] Greiner A, Reggiani L, Kuhn T, et al. Thermal conductivity and Lorenz number for one-dimensional ballistic transport [J]. Physical Review Letters, 1997, 78: 1114.

[20] Rego L G C. Thermal transport in the quantum regime [J]. Physica Status Solidi A, 2001, 187: 239.

[21] Schwab K, Henriksen E, Worlock J, et al. Measurement of the quantum of thermal conductance [J]. Nature (London), 2000, 404: 974.

[22] Chiatti O, Nicholls J T, Proskuryakov Y Y, et al. Quantum thermal conductance of electrons in a one dimensional wire [J]. Physical Review Letters, 2006, 97: 056601.

[23] Meschke M, Guichard W, Pekola J P. Single-mode heat conduction by photons [J]. Nature (London), 2006, 444: 187.

[24] Santamore D H, Cross M C. Effect of surface roughness on the universal thermal conductance [J]. Physical Review B, 2001, 63: 184306.

[25] Volz S. Thermal nanosystems and nanomaterials topics in applied physics [M]. New York: Springer, 2009.

[26] Di V M. Electrical transport in nanoscale systems [M]. Cambridge: Cambridge University Press, 2008.

[27] Liu H P, Yi L. Quantum thermal transport through extremely cold dielectric chains [J]. Chinese Physics Letters, 2006, 23: 3194.

[28] Mingo N. Anharmonic phonon flow through molecular-sized junctions [J]. Physical Review B, 2006, 74: 125402.

[29] Xu Y, Wang J S, Duan W H, et al. Nonequilibrium Green's function method for phonon-phonon interactions and ballistic diffusive thermal transport [J]. Physical Review B, 2008, 78: 224303.

[30] Fermi E, Pasta J, Ulam S M. Studies of Nonlinear Problems [M]. Berkeley: University of California Press, 2020.

[31] Lepri S, Livi R, Politi A. Thermal conduction in classical low dimensional lattices [J]. Physics Reports, 2003, 377: 1.

[32] Dhar A. Heat transport in low-dimensional systems [J]. Advances in Physics, 2008, 57: 457.

[33] Wang J S, Wang J, Lu J T. Quantum thermal transport in nanostructures [J]. European Physical Journal B, 2008, 62: 381.

[34] Kampen N G Van. Stochastic Processes in Physics and Chemistry [M]. Amsterdam: North Holland, 2001.

[35] Luttinger J M. Theory of thermal transport coefficients [J]. Physical Review, 1964, 135: A1505.

[36] Kundu A, Dhar A, Narayan O. The Green Kubo formula for heat conduction in open systems [J]. Journal of Statistical Mechanics, 2009, 3: L03001.

[37] Wu L A, Segal D. Energy flux operator, current conservation and the formal Fourier's law [J]. Journal of Physics A, 2009, 42: 025302.

[38] Segal D. Thermoelectric effect in molecular junctions: A tool for revealing transport mechanisms [J]. Physical Review B, 2005, 72: 165426.

[39] Mahan G D, Sofo J O. The best thermoelectric [J]. National Academy of Sciences, 1996, 93: 7436.

[40] Butcher P. Thermal and electrical transport formalism for electronic microstructures with many terminals [J]. Journal of Physics: Condensed Matter, 1990, 2: 4869.

[41] Lunde A M, Flensberg K. On the Mott formula for the thermopower of non-interacting electrons in quantum point contacts [J]. Journal of Physics: Condensed Matter, 2005, 17: 3879.

[42] Molenkamp L W, Van Houten H, Beenakker C W J, et al. Quantum oscillations in the transverse voltage of a channel in the nonlinear transport regime [J]. Physical Review Letters, 1990, 65: 1052.

[43] Houten H V, Molenkamp L W, Beenakker C W J, et al. Thermoelectric properties of quantum point contacts [J]. Semiconductor Science and Technology, 1992, 7: B215.

[44] Molenkamp L, Staring A A M, Alphenaar B W, et al. Sawtooth-like thermopower oscillations of a quantum dot in the Coulomb blockade regime [J]. Semiconductor Science and Technology, 1994, 9: 903.

[45] Turek M, Matveev K A. Cotunneling thermopower of single electron transistors [J]. Physical Review B, 2002, 65: 115332.

[46] Turek M, Siewert J, Richter K. Thermopower of a superconducting single-electron transistor [J]. Physical Review B, 2005, 71: 220503.

[47] Lunde A M, Flensberg K, Glazman L I. Interaction-induced resonance in conductance and thermopower of quantum wires [J]. Physical Review Letters, 2006, 97: 256802.

[48] Kubala B, Konig J, Pekola J. Violation of the Wiedemann-Franz law in a single-electron transistor [J]. Physical Review Letters, 2008, 100: 066801.

[49] Koch J, Von O F, Oreg Y, et al. Thermopower of single molecule devices [J]. Physical Review B, 2004, 70: 195107.

[50] Paulsson M, Datta S. Thermoelectric effect in molecular electronics [J]. Physical Review B, 2003, 67: 241403.

[51] Di Ventra M, Todorov T N. Transport in nanoscale systems: the micro-canonical versus grand-canonical picture [J]. Journal of Physics: Condensed Matter, 2004, 16: 8025.

[52] Bushong N, Sai N, Di Ventra M. Approach to steady-state transport in nanoscale conductors [J]. Nano Letters, 2005, 5: 2569.

[53] Di Ventra M, D'Agosta R. Stochastic time dependent current density functional theory [J]. Physical Review Letters, 2007, 98: 226403.

[54] D'Agosta R, Di Ventra M. Stochastic time-dependent current-densityfunctional theory: A functional theory of open quantum systems [J]. Physical Review B, 2008, 78: 165105.

[55] Breuer H P, Petruccione F. Theory of open quantum systems [M]. New York: Oxford University Press, 2002.

[56] Dubi Y, Di Ventra M. Thermoelectric effects in nanoscale junctions [J]. Nano Letters, 2009, 9: 97.

[57] Ludoph B, Van Ruitenbeek J M. Thermopower of atomic-size metallic contacts [J]. Physical Review B, 1999, 59: 12290.

[58] Kasfner M A. Artificial atoms [J]. Physics Today, 1993, 46: 24.

[59] Moison J M, Houzay F, Barthe F, et al. Self-organized growth of regular nanometer-scale InAs dots on GaAs [J]. Applied Physics Letters, 1994, 64: 196.

[60] Konkar A, Madhukar A, Chen P. Stress-engineered spatially selective self-assembly of strained InAs quantum dots on nonplanar patterned GaAs (001) substrates [J]. Applied Physics Letters, 1998, 72: 220.

[61] Jin G, Liu J L, Thomas S G, et al. Controlled arrangement of self-organized Ge islands on patterned Si (001) substrates [J]. Applied Physics Letters, 1999, 75: 2752.

[62] Murphy P, Mukerjee S, Moore J. Optimal thermoelectric figure of merit of a molecular junction [J]. Physical Review B, 2008, 78: 161406.

[63] Yan Y, Zhao H. Phonon interference and its effect on thermal conductance in ring-type structures [J]. Journal of Applied Physics, 2012, 111: 113531.

[64] Swirkowicz R, Wierzbicki M, Barnas J. Thermoelectric effects in transport through quantum dots attached to ferromagnetic leads with noncollinear magnetic moments [J]. Physical Review B, 2009, 80: 195409.

[65] Dubi Y, Di Ventra M. Thermospin effects in a quantum dot connected to ferromagnetic leads [J]. Physical Review B, 2009, 79: 081302.

[66] Wierzbicki M, Swirkowicz R. Electric and thermoelectric phenomena in a multilevel quantum dot attached to ferromagnetic electrodes [J]. Physical Review B, 2010, 82: 165334.

[67] Wierzbicki M, Swirkowicz R. Heat transport and thermoelectric efficiency of two-level quantum dot attached to ferromagnetic electrodes [J]. Physics Letters A, 2011, 375: 609.

[68] Rejec T, Mravlje J, RamsakA. Spin thermopower in interacting quantum dots [J]. Physical Review B, 2012, 85: 085117.

2 与普通金属电极耦合的单量子点环中的电荷热电效应

1822年塞贝克（Seebeck）发现了热能转换成电能的热电效应。由于其潜在的应用价值，热电效应一度成为理论和实验研究的热点。但是由于热电转换效率较低，除了科研实验和航天设备等特殊应用领域外，热电转换技术还没有得到广泛应用[1]。通常用无量纲的优值系数 $Z_c T = S_c^2 |G_c|/(\kappa_{el} + \kappa_{ph})$ 度量热电转换效率[2]。为了得到较大的 $Z_c T$ 值，需要尽量提高系统的热电势和电导，同时降低热导。但是由于受到 Wiedemann-Franz 定律的限制，对于体材料的塞贝克系数、电导和热导三者之间并不完全独立。电导增大通常会引起热导的增加，同时总是伴随着热电势的降低[3, 4]。$Z_c T$ 值较高的体材料是 $Bi_2 Te_3$ 与 Sb、Sn 和 Pb 的化合物，例如 $Bi_{0.5} Sb_{1.5} Te_3$ 在室温时优值系数 $Z_c T$ 能够达到 1[5]。然而为了使热电效应能得到更广泛的商业应用，热电材料需要具有更大的 $Z_c T$ 值。至今研究人员提出了很多提高热电效率的方法，其中较为有效、可行的一种方法就是降低系统的维度。在量子点系统中由于量子效应的增强，Wiedemann-Franz 定律不再成立[6]，并且由于纳米结构表面的强声子散射，声子热导 κ_{ph} 明显降低[7]。实验表明 PbSeTe 量子点的最大 $Z_c T$ 值能达到 2[8]。

近些年，与普通电极或铁磁电极耦合的单量子点系统的热电效应被广泛研究，但是作为典型的 Fano 效应系统，对嵌入量子点的 A-B 环系统的热电效应研究却很少。Blanter 等人[9]研究了量子点环结构中热电势的 AB 震荡，他们主要考虑了无库仑相互作用条件下几何相位对热电势震荡的影响。此外，Kim 和 Hershfield[10, 11]研究了近藤区域中 AB 涨落对热电势的影响。本章主要研究单电子点 A-B 环的热电转换效率。

2.1 理论模型与计算方法

含有库仑相互作用的单量子点干涉仪的二次量子化哈密顿量可以写成以下形式[12]：

$$H = H_{leads} + H_{QD} + H_T \tag{2-1}$$

式（2-1）中的第一项 H_{leads} 描述左右金属电极中无相互作用近似下的电子，其表达式如下：

$$H_{\text{leads}} = \sum_{k,\alpha,\sigma} \varepsilon_{k\alpha} c^+_{k\alpha\sigma} c_{k\alpha\sigma} \qquad (2\text{-}2)$$

式中, $c^+_{k\alpha\sigma}$ ($c_{k\alpha\sigma}$) 为在 α 电极中产生（湮灭）一个自旋为 σ、动量为 k、能量为 $\varepsilon_{k\alpha\sigma}$ 的电子。

式(2-1)中的第二项 H_{QD} 对应于含有库仑相互作用的量子点:

$$H_{\text{QD}} = \sum_{\sigma} \varepsilon_d d^+_\sigma d_\sigma + U n_\uparrow n_\downarrow \qquad (2\text{-}3)$$

式中, d^+_σ (d_σ) 为在量子点中产生（湮灭）一个自旋方向为 σ、能量为 ε_d 的电子; U 为量子点中不同自旋取向电子间的库仑排斥相互作用能量; $n_\sigma = d^+_\sigma d_\sigma$ 为电子的粒子数算符。

式(2-1)中的第三项 H_T 描述量子点与金属电极以及金属电极间的耦合:

$$H_T = \sum (t_{LR} c^+_{kL\sigma} c_{kR\sigma} + t_{Ld} c^+_{kL\sigma} d_\sigma + t_{Rd} e^{i\varphi} c^+_{kR\sigma} d_\sigma + \text{H.c.}) \qquad (2\text{-}4)$$

式中, $t_{\alpha d}$ 和 t_{LR} 分别为量子点与电极以及左右电极之间的隧穿矩阵元。当 A-B 环中有磁通垂直穿过时, 隧穿耦合项 t_{Rd} 将附加一个等效相位因子 $\varphi = 2\pi\Phi/\Phi_0$。

从左电极流入量子点的电流可以定义为单位时间内电极中粒子数的变化:

$$J_L = -e < \dot{N}_{kL} > = \frac{e}{i\hbar} < [H, \hat{N}_{kL}] >$$

$$= \frac{e}{i\hbar} \sum_{k,k',\sigma} [t_{LR} < c^+_{kL\sigma} c_{k'R\sigma} > - t_{RL} < c^+_{k'R\sigma} c_{kL\sigma} >] +$$

$$\frac{e}{i\hbar} \sum_{k,\sigma} [t_{LD} < c^+_{kL\sigma} d_\sigma > - t_{dL} < d^+_\sigma c_{kL\sigma} >] \qquad (2\text{-}5)$$

利用稳态时的电流守恒, 可以将式(2-5)写成只与量子点格林函数相关的 Landauer-Buttiker 公式的形式[12~14]:

$$J_L = \frac{2e}{h} \int \tau(\varepsilon) [f_L(\varepsilon) - f_R(\varepsilon)] d\varepsilon \qquad (2\text{-}6)$$

$f_\alpha(\varepsilon) = \{1 + \exp[(\varepsilon - \mu_\alpha)/k_B T_\alpha]\}^{-1}$ 是 α 电极中电子的费米分布函数。在数值计算中, 令 $\mu_L = \mu_R = 0$, $T_L = T_R = T = 300$K。在宽导带极限下隧穿谱函数 $\tau(\varepsilon)$ 可以写成如下形式:

$$\tau(\varepsilon) = \tau_0 + 2\widetilde{\Gamma}\sqrt{g\tau_0(1-\tau_0)}\cos\varphi \text{Re}[G^r_d] + \widetilde{\Gamma}[\tau_0 - g(1 - \tau_0\cos^2\varphi)]\text{Im}[G^r_d] \qquad (2\text{-}7)$$

式中, G^r_d 为量子点的推迟格林函数; $\widetilde{\Gamma} = (\Gamma_L + \Gamma_R)/(1+\gamma)$ 为安德森杂化, $\Gamma_\alpha = 2\pi\rho_\alpha |t_{d\alpha}|^2$ 为电子在量子点与电极间跳跃的概率, ρ_α 是 α 电极的态密度; $\tau_0 = 4\gamma/(1+\gamma)^2$ 为电子在左右电极间直接隧穿的隧穿概率, 其中 $\gamma = \pi^2\rho_L\rho_R|t_{LR}|^2$ 为电子的隧穿强度; $g = 4\Gamma_L\Gamma_R/(\Gamma_L + \Gamma_R)^2$ 度量左右电极与量子点耦合的非对称程度。其中干涉效应是由式(2-7)中的第二项与第三项引起的。

从左电极流入量子点的热流可以定义为单位时间内左电极中总能量的变化:

$$Q_L = (\varepsilon - \mu_L) < \dot{N}_{kL} > = \frac{\varepsilon - \mu_L}{i\hbar} < [H, \hat{N}_{kL}] >$$

$$= \frac{\varepsilon - \mu_L}{i\hbar} \sum_{k,k',\sigma} [t_{LR} < c^+_{kL\sigma} c_{k'R\sigma} > - t_{RL} < c^+_{k'R\sigma} c_{kL\sigma} >] +$$

$$\frac{\varepsilon - \mu_L}{i\hbar} \sum_{k,\sigma} [t_{Ld} < c^+_{kL\sigma} d_\sigma > - t_{dL} < d^+_\sigma c_{kL\sigma} >] \tag{2-8}$$

式 (2-8) 同样可以写成只与量子点格林函数相关的 Landauer-Buttiker 公式的形式:

$$Q_L = \frac{2}{h} \int (\varepsilon - \mu_L) \tau(\varepsilon) [f_L(\varepsilon) - f_R(\varepsilon)] d\varepsilon \tag{2-9}$$

假设左侧电极为高温端 $T_L = T + 0.5\Delta T$, 右侧电极为低温端 $T_R = T - 0.5\Delta T$, 温度差 ΔT 很小时可将费米函数围绕费米能量 E_F 和温度 T 做线性展开:

$$f_\alpha(\varepsilon, E_F^\alpha, T_\alpha) = f_0 + eV_\alpha \frac{\partial f}{\partial E_F^\alpha}\bigg|_{V_\alpha=0, T_\alpha=T} + \Delta T_\alpha \frac{\partial f}{\partial T_\alpha}\bigg|_{V_\alpha=0, T_\alpha=T}$$

$$= f_0 + f_0(f_0 - 1)\left[\frac{eV_\alpha}{k_B T} + (\varepsilon - E_F)\frac{\Delta T_\alpha}{k_B T^2}\right] \tag{2-10}$$

式中, $f_0 = \{1 + \exp[(\varepsilon - E_F)/k_B T]\}^{-1}$ 为温度梯度和偏压等于零时的费米分布函数。利用式 (2-10) 可把式 (2-6)、式 (2-9) 表示成:

$$J_L = \frac{2e}{h} \int \tau(\varepsilon) \left\{ f_0 + f_0(f_0 - 1)\left[\frac{eV_L}{k_B T} + (\varepsilon - E_F)\frac{T_L}{k_B T^2}\right] - \right.$$

$$\left. f_0 - f_0(f_0 - 1)\left[\frac{eV_R}{k_B T} + (\varepsilon - E_F)\frac{T_R}{k_B T^2}\right] \right\} d\varepsilon$$

$$= \frac{2e}{h} \int \tau(\varepsilon) f_0(f_0 - 1)\left[\frac{e(V_L - V_R)}{k_B T} + (\varepsilon - E_F)\frac{T_L - T_R}{k_B T^2}\right] d\varepsilon \tag{2-11}$$

$$Q_L = \frac{2}{h} \int (\varepsilon - \mu_L) \tau(\varepsilon) f_0(f_0 - 1)\left[\frac{e(V_L - V_R)}{k_B T} + (\varepsilon - E_F)\frac{T_L - T_R}{k_B T^2}\right] d\varepsilon \tag{2-12}$$

利用式 (2-12) 再根据热电势的定义便可求解出:

$$S \equiv -\lim_{T_L \to T_R} \frac{V_L - V_R}{T_L - T_R}\bigg|_{J_L = 0}$$

$$= \frac{1}{eT} \frac{\int d\varepsilon (\varepsilon - E_F) \tau(\varepsilon) f_0(f_0 - 1)}{\int d\varepsilon \tau(\varepsilon) f_0(f_0 - 1)}$$

$$= \frac{1}{eT} \frac{K_1(E_F, T)}{K_0(E_F, T)} \tag{2-13}$$

同理可以求解出热导和电导：

$$\kappa_{\mathrm{el}} \equiv \frac{Q_\mathrm{L}}{\Delta T} = \frac{2}{h}\int d\varepsilon(\varepsilon - \mu_\mathrm{L})\tau(\varepsilon)f_0(f_0 - 1)\left[\frac{e(V_\mathrm{L} - V_\mathrm{R})}{k_\mathrm{B} T \Delta T} + (\varepsilon - E_\mathrm{F})\frac{1}{k_\mathrm{B} T^2}\right]$$

$$= \frac{2}{h}\int d\varepsilon(\varepsilon - \mu_\mathrm{L})\tau(\varepsilon)f_0(f_0 - 1)\left[\frac{e(-S)}{k_\mathrm{B} T} + (\varepsilon - E_\mathrm{F})\frac{1}{k_\mathrm{B} T^2}\right]$$

$$= \frac{2}{h}\left(K_1 eS + \frac{K_2}{T}\right) = \frac{2}{hT}\left(K_2 - \frac{K_1^2}{K_0}\right)$$

(2-14)

$$G \equiv \frac{dJ_\mathrm{L}}{dV} = \frac{2e^2}{h}\int d\varepsilon \tau(\varepsilon)f_0(f_0 - 1)\frac{1}{k_\mathrm{B} T} = \frac{2e^2}{h}K_0 \qquad (2\text{-}15)$$

在温度较低时只取 K_n 的低阶项，可以把电导、热电势、电子热导表示成：

$$G_\mathrm{c} \approx \frac{2e^2}{h}\tau(\mu),\ S_\mathrm{c} \approx -\frac{1}{e}\frac{\tau^{(1)}(\mu)k_\mathrm{B}^2 T}{\tau(\mu) + \frac{\pi^2}{6}\tau^{(2)}k_\mathrm{B}^2 T^2},\ \kappa_{\mathrm{el}} \approx \frac{2\pi^2 k_\mathrm{B}^2 \tau(\mu) T}{3h} \qquad (2\text{-}16)$$

2.2 结果讨论

2.2.1 磁场对热电参数的影响

首先讨论无库仑相互作用和声子热导时磁通对热电转换的影响。由于嵌有量子点的 A-B 环是典型的 Fano 共振系统，电子从一侧电极到达另一侧电极有两条路径：一条路径是通过直接连接左右电极的连续能级；另一条路径是通过量子点的离散的共振能级，通过这两条路径的电子具有不同的相位，会发生干涉效应，干涉相长和相消分别对应隧穿的共振加强（Fano 峰）与共振抑制（Fano 谷）[15]。因此可以从图 2-1（a）中看出，没有磁通时系统的电导呈现典型的 Fano 共振曲线，曲线由处于束缚态 $\varepsilon_\mathrm{d} = 2\cos\varphi t_\mathrm{d}^2 t_\mathrm{LR}/(t_\mathrm{LR}^2 - \pi^{-2})$ 的 Fano 共振峰和处于反束缚态 $\varepsilon_\mathrm{d} = \sec\varphi t_\mathrm{d}^2(\cos 2\varphi t_\mathrm{LR}^2 + \pi^{-2})/t_\mathrm{LR}/(t_\mathrm{LR}^2 + \pi^{-2})$ 的共振谷组成。干涉相长和干涉相消分别对应电子透射的共振增强与共振抑制。随着磁通 φ 的逐渐增强，退相干效应相应增大，$\varphi = \pi/2$ 时反对称的 Fano 线形逐渐演化成对称 Lorentzian 线形。继续增大 φ 又会出现 Fano 共振，但是此时的电导曲线与 $0 < \varphi < \pi/2$ 时的电导曲线相对于 $\varepsilon_\mathrm{d} = 0$ 时的 Y 轴对称，Fano 尾（Fano tail）的方向正好相反。

图 2-1（b）给出了热电势随量子点能级变化的曲线。从图中可以看出，当无 Fano 效应（$\varphi = (n + 1)\pi/2$）时，热电势的最大值与最小值的绝对值相等，

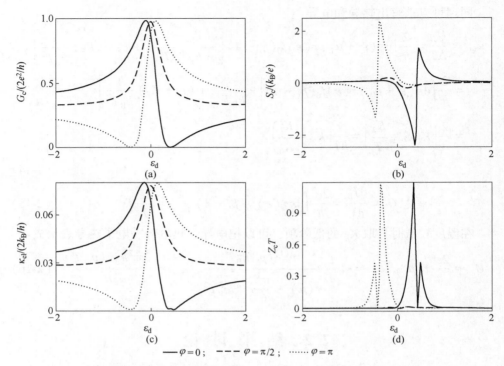

图 2-1 磁通量引起的相位 $\varphi = 0$、$\pi/2$、π 时,电导 G_c(a)、
热电势 S_c(b)、电子热导 κ_{el}(c) 和电荷优值系数 Z_cT(d) 随着
量子点能级 ε_d 的变化关系

($t_d = 0.2$,$t_{LR} = 0.1$,$U = 0$)

此时 $|S|$ 的最大值不到 0.02。$\varepsilon_d = 0$ 时热电势为 0,量子点的能级小于 0 时,空穴为主要载流子,相应的热电势为正值;量子点的能级大于 0 时的主要载流子是电子,热电势为负值。当电导呈现 Fano 线形时,可以看出在 Fano 谷两侧,热电势的最值明显增大。由于 Fano 共振导致隧穿谱反对称,因此热电势的最大值与最小值的绝对值不再相等,此时 $|S|$ 的最大值可以大于 2,相对于无 Fano 效应时增大了十几倍。在 Fano 反共振态,电子-空穴对称,此时热电势降为 0。在反共振态电子产生的电压正好与电子运动方向相反的空穴引起的电压抵消。由于左右电极存在温度梯度,左电极中能量大于反共振态能量的电子数量少于右电极中反共振态以下电子的数量,而左电极中能量小于反共振态能量的电子数量多于右电极中反共振态以下电子的数量,因此量子点能级扫过 $\sec\varphi t_d^2(\cos2\varphi t_{LR}^2 + \pi^{-2})/t_{LR}/(t_{LR}^2 + \pi^{-2})$ 会发生符号改变。

由于电子热导与声子热导都正比于透射系数,因此从图 2-1(c)中可以看出,电子热导随量子点能级的变化曲线与电导随量子点能级变化的曲线走势非常相似。然而值得注意的不同之处是,电导在反共振态时为 0,而热导曲线中出现一个小的峰。这是因为当系统处于反共振态时,电子产生的电流正好被反方向流动的空穴引起的电流抵消,导致电导为 0。但是由于左右能级存在温度差,电子荷载的能量与空穴荷载的能量不同,不能彼此抵消。图 2-1 (d) 给出了优值系数 Z_cT 随量子点能级的变化。从图中可以看出 Z_cT 曲线由两个峰和一个谷组成,其中两个峰对应于热电势的两个最值,谷对应于 $S = 0$ 的情况。值得注意的是当 $\varphi = (n + 1)\pi/2$ 时由于 Fano 效应消失,Z_cT 值变得非常小。由此可以看出 Fano 效应对热电转换效率有非常明显的促进作用。

2.2.2 点内库仑相互作用对热电性质的影响

本节讨论量子点内电子的库仑相互作用对热电性质的影响。图 2-2 (a) 给出了 $U = 5$ 时的电导曲线。在库仑作用下,量子点内的一条简并能级劈裂为两个能

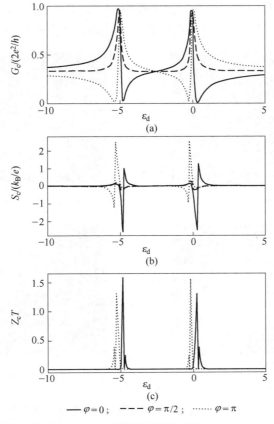

图 2-2 库仑相互作用 $U = 5$,磁通量引起的相位 $\varphi = 0$、$\pi/2$、π 时,电导 G_c (a)、热电势 S_c (b) 和电荷优值系数 Z_cT (c) 与量子点能级 ε_d 的关系

级,电极中的电子可以利用这两个能级隧穿通过量子点,因此电导随子点能级的变化曲线中出现两个共振峰(谷),其能量间隔为 U。电导 $G = (2e^2/h)K_0$ 是费米函数导数的函数,因此在有限温度时 $\varepsilon_d = U$ 附近的 Fano 峰会比 $\varepsilon_d = 0$ 时稍大一些,$\varepsilon_d = -U$ 附近的 Fano 谷比 $\varepsilon_d = 0$ 时稍小一些。与 $U = 0$ 时的情况相同,在反共振谷的两侧热电势明显增加。但是 $\varepsilon_d = -U$ 附近 S 的最小值能够达到 -2.7,明显小于 $\varepsilon_d = 0$ 附近的 S 值。由于优值系数 $Z_c T$ 与 $|S|^2$ 成正比,因此从图 2-2(c)可以看出在库仑相互作用影响下,$Z_c T$ 值会有所增加,其最大值能够超过 1.5。

图 2-3 讨论无库仑相互作用时耦合强度对优值系数的影响。图 2-3(a)~(d)分别给出了 $t_d = 0.1$、0.2、0.3 和 0.4 时,$Z_c T$ 随量子点能级和左右电极间耦合强度的变化。从图中可以看出若要使 $Z_c T$ 能达到较大值,需要满足 $\varepsilon_d = t_d^2/t_{LR}$ 且 $t_d = t_{LR}$。由于弱耦合能打破 Wiedemann-Franz 定律,因此电极与量子点耦合的强度越弱,得到的优值系数越大。在计算中选取的最小耦合强度为 $t_d = 0.1$,适度减小 t_d 值,$Z_c T$ 值还能有所增大,但是图中并没有在计算中选取极弱的耦合强度。这是因为 $Z_c T$ 是在假设温差为极小值的线性响应条件下求解得到的,如果在计算中

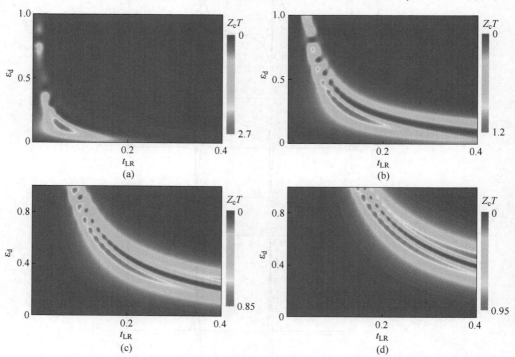

图 2-3 不同量子点与电极耦合强度时,电荷优值系数 $Z_c T$
与量子点能级 ε_d 和电极间耦合强度 t_{LR} 的关系
(a) $t_d = 0.1$;(b) $t_d = 0.2$;(c) $t_d = 0.3$;(d) $t_d = 0.4$

再选取 $t_d \to 0$,将会破坏计算电导、热导和热电势时采取的线性响应近似,从而导致不合理的结果。

2.2.3 量子点与电极耦合强度对 Z_cT 值的调控

本节讨论量子点与电极的耦合强度不同时,库仑相互作用对 Z_cT 值的影响。如图 2-4 所示,随着耦合响度的减弱,库仑相互作用对热电效率的影响越发显著。这是因为投射系数和量子点与电极间以及两个电极间的耦合强度成正比。当量子点与电极间的耦合强度很弱时,电子很难在量子点与电极间隧穿。温差引起的热电势将会增加,从而导致较高的 Z_cT 值。理论和实验上都已证实,低温时介观声子系统的热输运也存在量子化的单位 $\kappa_{ph} = \pi^2 k_B^2 T/(3h)$ [1, 2]。温度较高时,电声子相互作用可以改变量子点能级的位置以及电子点与电极的耦合强度[16, 17]。从优值系数的定义可以看出,电子-声子耦合会对热电转换效率起到消极作用。然而即使有电声子相互作用存在,较强的 Fano 效应同样可以出现[18],热电转换效率同样可以在 Fano 效应的辅助下得到较大的提升,只是这时对应的量子点能级位置和耦合强度会稍有改变。

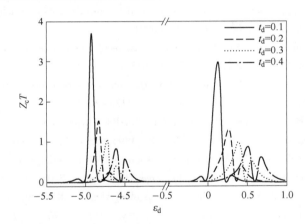

图 2-4 量子点与电极耦合强度 t_d = 0.1、0.2、0.3、0.4 时,
电荷优值系数 Z_cT 与量子点能级 ε_d 的关系
($t_{LR} = t_d/2$, $U = 5$, $\varphi = 0$)

2.3 本章小结

本章讨论了与普通金属电极耦合的单量子点 A-B 环在库仑阻塞区域的电荷热电效应。研究发现在量子干涉现象引起的 Fano 效应的促进下,优值系数 Z_cT 能

够达到较大值。在Fano谷附近，透射系数突变从而引起热电势增加。并且由于反共振态附近的电子热导很小，在Fano谷附近会出现较高的热电转换效率。此外电极与量子点以及电极间的耦合强度对Z_cT值也有显著的影响。在弱耦合的情况下，库仑相互作用对优值系数的促进更明显。通过适当选取参数，Z_cT值在室温下能够达到或者大于3。

参 考 文 献

[1] Giazotto F, Heikkila T T, Luukanen A, et al. Opportunities for mesoscopics in thermometry and refrigeration: Physics and applications [J]. Rev. Mod. Phys., 2006, 78 (1): 217~274.

[2] Dubi Y, Ventra M D. Heat flow and thermoelectricity in atomic and molecular junctions [J]. Rev. Mod. Phys., 2011, 83 (1): 131~156.

[3] Snyder G J, Toberer E S. Complex thermoelectric materials [J]. Nature Mater., 2008, 7: 105~114.

[4] Hicks L D, Dresselhaus M S. Thermoelectric figure of merit of a one-dimensional conductor [J]. Phys. Rev. B, 1993, 47 (24): 16631.

[5] Wang Z M. Self-Assembled Quantum Dots [M]. New York: Springer, 2008.

[6] Kubala B, Konig J, Pekola J. Violation of the wiedemann-franz law in a single-electron transistor [J]. Phys. Rev. Lett., 2008, 100 (6): 66801.

[7] Kuo M T, Chang Y C, Thermoelectric and thermal rectification properties of quantum dot junctions [J]. Phys. Rev. B, 2010, 81 (20): 205321.

[8] Harman T C, Taylor P J, Walsh M P, et al. Quantum dot superlattice thermoelectric materials and devices [J]. Science, 2002, 297 (5590): 2229~2232.

[9] Blanter Y M, Bruder C, Fazio R, et al. Aharonov-Bohm-type oscillations of thermopower in a quantum-dot ring geometry [J]. Phys. Rev. B, 1996, 55 (7): 4069~4072.

[10] Kim T S, Hershfifield S. Thermopower of an Aharonov-Bohm interferometer: Theoretical studies of quantum dots in the kondo regime [J]. Phys. Rev. Lett., 2002, 88 (13): 136601.

[11] Kim T S, Hershfifield S. Thermoelectric effects of an Aharonov-Bohm interferometer with an embedded quantum dot in the Kondo regime [J]. Phys. Rev. B, 2003, 67 (16): 165313.

[12] Sun Q F, Wang J, Guo H. Quantum transport theory for nanostructures with Rashba spin-orbital interaction [J]. Phys. Rev. B, 2004, 71 (16): 5310.

[13] Chi F, Zheng J. Spin separation via a three-terminal Aharonov-Bohm interferometers [J]. Appl. Phys. Lett., 2008, 92 (6): 323.

[14] Ma J M, Zhao J, Zhang K C, et al. Quantum interference effect in a quantum dot ring spin valve [J]. Nanoscal Res. Lett., 2011, 6 (1): 265.

[15] Guevara M, Claro F, Orellanal P A. Ghost Fano resonance in a double quantum dot molecule attached to leads [J]. Phys. Rev. B, 2003, 67 (19): 920~925.

[16] Kuo M T, Chang Y C. Tunneling current through a quantum dot with strong electron-phonon interaction [J]. Phys. Rev. B, 2002, 66 (8): 3851~3853.

[17] Chen Z Z, Lu R, Zhu B F. Effects of electron-phonon interaction on nonequilibrium transport through a single-molecule transistor [J]. Phys. Rev. B, 2005, 71 (16): 5324.

[18] Ueda A, Eto M. Resonant tunneling and Fano resonance in quantum dots with electron-phonon interaction [J]. Phys. Rev. B, 2006, 73 (23): 195~204.

3 与铁磁电极耦合的单量子点环中的自旋热电效应

2008年，Uchida等人[1]在实验中观测到了自旋热电效应。在实验中，他们用热偏压（温度梯度）代替传统的电压作为自旋流的驱动力作用于铁磁薄片两端。自旋塞贝克效应引入了一种通过调节热偏压产生和控制自旋极化的新方法，并可直接用于驱动自旋电子设备的热自旋发电机，开启了一个新的方向——自旋-热电子学。除了铁磁体以外[1~4]，科技工作者们随后在自旋极化的半导体[5,6]、绝缘体[7~9]，以及磁隧穿结[10~15]中发现了自旋塞贝克效应。然而在体材料中测量到的自旋热电势比它的电荷热电势小几个数量级，限制了自旋热电效应在自旋电子设备中的实际应用。这里电荷（自旋）热电势可定义成电荷（自旋）流为零时，温度差ΔT引起的电荷（自旋）势能偏压$V_{c(s)}$与温度梯度的比值，即$S_{c(s)} = -V_{c(s)}/\Delta T$。热电势能够衡量对于给定温度梯度能产生多大的电压。

与电荷热电效应类似，为了得到较大的自旋热电转换效率，需要尽可能大地提高系统的优值系数$Z_{c(s)}T$。无量纲的优值系数可以定义成$Z_{c(s)}T = S_{c(s)}^2 |G_{c(s)}|T/(\kappa_{el}+\kappa_{ph})$。这里$G_{c(s)}$和$\kappa_{el(ph)}$分别表示电荷（自旋）电导和电子（声子）热导；$T$表示系统的平衡温度。从公式可以看出，若想得到较大的优值系数，需要系统具有较高的热电势、较大的电导和较小的热导。

已知减小系统的维度可以增大其热电转换效率，因此零维的量子点[16]系统有可能成为有前景的热电器件，近些年与铁磁电极耦合的单量子点系统的热电效应被广泛的研究[17~21]。例如，Dubi和Di Ventra[17]研究了与两个极化方向平行的铁磁电极耦合的单量子点系统的热自旋效应。他们发现对量子点施加较强的外磁场时，自旋热电势的大小可以比拟甚至超过电荷热电势，从而引起较大的自旋优值系数Z_sT。除此之外，系统还能产生电荷流为零的纯自旋流。Ying和Jin[20]研究发现在极化光和热偏压的共同作用下，与铁磁电极耦合的单量子点系统同样可以产生纯的自旋流。另外，还有一些研究工作关注嵌入量子点的A-B干涉仪中的量子干涉效应对热电性质的影响[22~24]。然而前期的一些工作都忽略了声子热导的影响，得到的自旋优值系数Z_sT都远远小于1。本章提出一种方案以解决自旋优值系数过低的问题。

如图3-1所示，本章将研究嵌入单量子点的A-B环系统的热电效应，考虑自旋轨道耦合与铁磁电极对自旋热电输运的影响。尺度与能谱可控的半导体量子点与铁磁电极的耦合已经在近期的实验中得以实现[25~27]。并且在实验中已经能够把量子点嵌入 A-B 环的任意臂中[28, 29]，因此本章所提出的模型可以通过已有的实验手段实现。

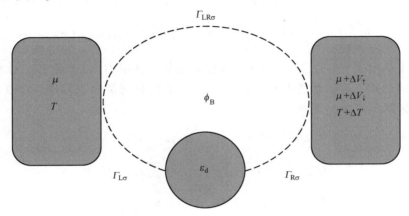

图 3-1　与铁磁电极耦合的单量子点环系统的机构示意图

3.1　理论模型与计算方法

含有 Rashba 自旋轨道耦合的单量子点干涉仪的的哈密顿量可以写成以下形式[30]：

$$H = \sum_{k,\alpha,\sigma} \varepsilon_{k\alpha} c^+_{k\alpha\sigma} c_{k\alpha\sigma} + \sum_{\sigma} \varepsilon_d d^+_\sigma d_\sigma +$$
$$\sum_\sigma (t_{LR} c^+_{kL\sigma} c_{kR\sigma} + t_{Ld} c^+_{kL\sigma} d_\sigma + t_{Rd} e^{-i\sigma\phi_R} e^{i\varphi} c^+_{kR\sigma} d_\sigma + \text{H.c.}) \quad (3-1)$$

式中，$c^+_{k\alpha\sigma}$（$c_{k\alpha\sigma}$）是 α（α = L，R）电极中动量为 k、自旋为 σ（σ = ↑，↓ 或 ±1）、动能为 $\varepsilon_{k\alpha}$ 的电子的产生（湮灭）算符；d^+_σ（d_σ）是量子点中自旋为 σ、能量为 ε_d 的电子的产生（湮灭）算符；$t_{\alpha d}$ 和 t_{LR} 分别是量子点与电极以及左右电极之间的耦合强度。当量子点中有自旋轨道耦合存在时，隧穿耦合项 t_{Rd} 将附加一个自旋相关的相位因子 $\sigma\phi_R$。穿过 A-B 环的磁通将会引起一个自旋无关的相位 $\varphi = 2\pi\Phi/\Phi_0$。

在稳态下，从左电极流入量子点的自旋相关的平均电流和热流可表示成 $J_{L\sigma} = -ed < \hat{N}_{kL\sigma} < /dt = -(e/h) < [H, \hat{N}_{kL\sigma}] >$ [30]和 $Q_{L\sigma} = (\varepsilon_{kL\sigma} - \mu_L)$ d $< \hat{N}_{kL\sigma} > /dt = (\varepsilon_{kL\sigma} - \mu_L) < [H, \hat{N}_{kL\sigma}] >$ [31]，其中 $\hat{N}_{kL\sigma}$ 和 μ_L 分别代表左电极中的电子占据数和费米能级。计算出对易关系可以得到：

$$\begin{pmatrix} J_{L\sigma} \\ Q_{L\sigma} \end{pmatrix} = \frac{i}{\hbar} \sum_{k,k',\sigma} \begin{pmatrix} e \\ \varepsilon - \mu_L \end{pmatrix} < t_{Ld} c_{kL\sigma}^+ d_\sigma + t_{LR} c_{kL\sigma}^+ c_{kR\sigma} - \text{H. c.} > \quad (3\text{-}2)$$

由于考虑的系统并没有自旋翻转机制, 流过左右电极的电流满足电流守恒 $J_{L\sigma} = -J_{R\sigma} = J_\sigma$。同样热流也满足守恒定律, 因此电流和热流可以写成[30~33]:

$$\begin{pmatrix} J_\sigma \\ Q_\sigma \end{pmatrix} = \frac{2}{h} \int d\varepsilon \begin{pmatrix} e \\ \varepsilon - \mu_L \end{pmatrix} \text{Re} [t_{Ld} G_{dL\sigma}^<(\varepsilon) + t_{LR} G_{RL\sigma}^<(\varepsilon)] \quad (3\text{-}3)$$

为了得出式 (3-3), 引入 Keldysh 格林函数, 其中 $G_\sigma^<(\varepsilon)$ 是 $G_\sigma^<(t)$ 傅里叶变换后的形式。对于本章研究的系统, Keldysh 格林函数可以写成一个 3×3 矩阵, 其矩阵元可以定义成:

$$\begin{cases} G_{\alpha d\sigma}^<(t) = i < d_\sigma^+(0) \sum_k c_{k\alpha\sigma}(t) > \\ G_{\alpha\alpha'\sigma}^<(t) = i < \sum_{k'} c_{k'\alpha'\sigma}^+(t) \sum_k c_{k\alpha\sigma}(t) > \\ G_{dd\sigma}^<(t) = i < d_\sigma^+(0) d_\sigma^+(t) > \end{cases} \quad (3\text{-}4)$$

利用 Keldysh 方程可以计算出小于格林函数 $G_\sigma^<(\varepsilon)$:

$$G_\sigma^<(\varepsilon) = G_\sigma^r(\varepsilon) (g_\sigma^r)^{-1} g_\sigma^<(g_\sigma^a)^{-1} G_\sigma^a(\varepsilon) + G_\sigma^r \Sigma_\sigma^< G_\sigma^a(\varepsilon) \quad (3\text{-}5)$$

其中第一项和第二项分别描述弹性和非弹性输运过程。只考虑保持量子相干性的弹性输运过程, 因此在计算中令 $\Sigma_\sigma^< = 0$。$(g_\sigma^r)^{-1} g_\sigma^<(g_\sigma^a)^{-1}$ 是对角矩阵, 其矩阵元为 $(g_{dd\sigma}^r)^{-1} g_{dd\sigma}^<(g_{dd\sigma}^a)^{-1} = 0$ 和 $(g_{\alpha\alpha\sigma}^r)^{-1} g_{\alpha\alpha\sigma}^<(g_{\alpha\alpha\sigma}^a)^{-1} = 2if_\alpha(\varepsilon)/(\pi\rho_{\alpha\sigma})$, 其中 $\rho_{\alpha\sigma}$ 是自旋相关的态密度; $f_\alpha(\varepsilon) = \{1 + \exp[(\varepsilon - \mu_\alpha)/k_B T_\alpha]\}^{-1}$ 是 α 电极中化学势为 μ_α、温度为 T_α 的电子的费米分布函数。如图 3-1 所示, 在计算中令温度 $T_L = T$、$T_R = T + \Delta T$, 化学势 $\mu_{L\sigma} = \mu$、$\mu_{R\sigma} = \mu + \sigma\Delta V_\sigma$。电极的铁磁性是通过电极中自旋相关的态密度 $\rho_{\alpha\sigma}$ 引入的, 即对于电极 α 参数 $P_\alpha = (\rho_{\alpha\uparrow} - \rho_{\alpha\downarrow})/(\rho_{\alpha\uparrow} + \rho_{\alpha\downarrow})$ 或写成 $\rho_{\alpha\sigma} = \rho_\alpha(1 + \sigma P_\alpha)$, 其中 ρ_α 是宽带近似下与电极铁磁性无关的态密度常量。

$G_\sigma^{r(a)}(\varepsilon)$ 是推迟 (超前) 格林函数 $G_\sigma^{r(a)}(t)$ 的傅里叶变换, 同样可以定义为一个 3×3 矩阵:

$$G_\sigma^{r(a)}(\varepsilon) \equiv \begin{pmatrix} G_{LL\sigma}^r & G_{LR\sigma}^r & G_{Ld\sigma}^r \\ G_{RL\sigma}^r & G_{RR\sigma}^r & G_{Rd\sigma}^r \\ G_{dL\sigma}^r & G_{dR\sigma}^r & G_{dd\sigma}^r \end{pmatrix} \quad (3\text{-}6)$$

利用 Dyson 方程 $G_\sigma^r(\varepsilon) = g_\sigma^r(\varepsilon) + g_\sigma^r(\varepsilon) \Sigma_\sigma^r(\varepsilon) G_\sigma^r(\varepsilon)$ 可以计算出推迟格林函数 $G_\sigma^{r(a)}(\varepsilon)$ 的具体形式, 其中 $g_\sigma^{r(a)}(\varepsilon)$ 是电极和量子点之间没有耦合的 (即 $t_{LR} = t_{Ld} = t_{Rd} = 0$) 孤立系统的格林函数。$g_\sigma^{r(a)}(\varepsilon)$ 可以具体表示为

$$\boldsymbol{g}_\sigma^r(\varepsilon) \equiv \begin{pmatrix} -\mathrm{i}\pi\rho_{L\sigma} & 0 & 0 \\ 0 & -\mathrm{i}\pi\rho_{R\sigma} & 0 \\ 0 & 0 & (\varepsilon-\varepsilon_d)^{-1} \end{pmatrix} \tag{3-7}$$

Dyson 方程中的自能矩阵可以写为

$$\boldsymbol{\Sigma}_\sigma^r \equiv \begin{pmatrix} 0 & t_{LR} & t_{Ld} \\ t_{LR}^* & 0 & \tilde{t}_{Rd\sigma} \\ t_{Ld}^* & \tilde{t}_{Rd\sigma}^* & 0 \end{pmatrix} \tag{3-8}$$

式中，$\tilde{t}_{Rd\sigma} = t_{Rd}\mathrm{e}^{-\mathrm{i}\sigma\phi_R}\mathrm{e}^{\mathrm{i}\varphi}$。把求解出的 $G_{dL\sigma}^<(\varepsilon)$ 和 $G_{RL\sigma}^<(\varepsilon)$ 代入式（3-3），可以把自旋相关的电流和热流写成 Landauer 公式的形式：

$$\begin{pmatrix} J_\sigma \\ Q_\sigma \end{pmatrix} = \frac{1}{h}\int \mathrm{d}\varepsilon \begin{pmatrix} e \\ \varepsilon-\mu_L \end{pmatrix} \tau_\sigma(\varepsilon)[f_L(\varepsilon)-f_R(\varepsilon)] \tag{3-9}$$

在对称耦合的情况下（$t_{Ld} = t_{Rd} = t_d$）投射系数可以表示成：

$$\tau_\sigma(\varepsilon) = \Gamma_{\alpha\sigma}^2 - 4\varepsilon_d \cos\tilde{\varphi}\,\Gamma_{\alpha\sigma}\sqrt{\Gamma_{LR\sigma}} + 2\varepsilon_d^2\Gamma_{LR\sigma}/\Omega(\varepsilon) \tag{3-10}$$

其中，$\Omega(\varepsilon) = \Gamma_{\alpha\sigma}^2(1+\cos^2\tilde{\varphi}\,\Gamma_{LR\sigma}) + \varepsilon_d^2(1+\Gamma_{LR\sigma})^2 - 2\varepsilon_d\cos^2\tilde{\varphi}\,\Gamma_{\alpha\sigma}\sqrt{\Gamma_{LR\sigma}}(1+\Gamma_{LR\sigma})$ 和 $\tilde{\varphi} = (\varphi - \sigma\phi_R)$ 分别表示电极与量子点间以及电极与电极间的隧穿概率。

由于只考虑线性响应条件下的热电转换，因此令左右电极间的化学势以及温度差为 $\Delta T = \Delta V_\sigma \approx 0$，$\mu_{L\sigma} = \mu_{R\sigma} = \mu$，$T_L = T_R = T$。把费米函数按 ΔT、ΔV_σ 展开并保留最高阶，式（3-9）可以写成：

$$\begin{pmatrix} J_\sigma \\ Q_\sigma \end{pmatrix} = \begin{pmatrix} \dfrac{2e^2}{h}K_{0\sigma} & -\dfrac{2e}{h}K_{1\sigma} \\ -\dfrac{2e}{hT}K_{1\sigma} & \dfrac{2}{hT}K_{2\sigma} \end{pmatrix} \begin{pmatrix} \Delta V \\ \Delta T \end{pmatrix} \tag{3-11}$$

其中 $K_{n\sigma} = \int \mathrm{d}\omega(-\partial f/\partial\omega)(\omega-\mu_0)^n \tau_\sigma(\omega)$。因此自旋相关的电导 G_σ、热电势 S_σ 及电子热导 $\kappa_{el\sigma}$ 可以相应写成：

$$\begin{cases} G_\sigma = e^2 K_{0\sigma}(\mu, T)/h \\ S_\sigma = -K_{1\sigma}(\mu, T)/[eTK_{0\sigma}(\mu, T)] \\ \kappa_{el\sigma} = [K_{2\sigma}(\mu, T) - K_{1\sigma}^2(\mu, T)/K_{0\sigma}(\mu, T)]/(hT) \end{cases} \tag{3-12}$$

通过上面的求解，最终可以把电荷（自旋）电导 $G_{c(s)}$、热电势 $S_{c(s)}$，以及电子热导 κ_{el} 定义成 $G_{c(s)} = (e^2/h)[K_{0\uparrow}(\mu, T) \pm K_{0\downarrow}(\mu, T)]$，$S_{c(s)} =$

$(1/2)[S_\uparrow(\mu, T) \pm S_\downarrow(\mu, T)]$,$\kappa_{el} = \kappa_{el\uparrow} + \kappa_{el\downarrow}$。利用电荷（自旋）电导、热电势和电子热导便可求解出电荷（自旋）优值系数 $Z_{c(s)}T$。可以令声子热导 $\kappa_{ph} = 3\kappa_0$，其中 $\kappa_0 = \pi^2 k_B^2 T/3h$ 为热导量子[34,35]。之前的一些工作表明，对于纳米结热导值选取为 $3\kappa_0$ 是合理的[36]。

在计算中令 $\mu_L = \mu_R = 0$（线性响应区域），假定量子点与电极间的耦合对称 $t_{Ld} = t_{Rd} = t_d$。固定系统温度 $T = 300K$，耦合强度 $t_d = 0.1$、$t_{LR} = 0.05$。因此自旋无关的线宽函数可以达到合理的实验参数 $\Gamma_{L(R)} = 2\rho_0|t_d|^2 \approx 60\text{meV}$[21]。

3.2 结果讨论

3.2.1 铁磁电极极化方向和强度的影响

首先讨论两个电极的自旋极化方向相同，且无自旋轨道耦合和磁通存在时，电导 G、热电势 S 和热电优值系数 ZT 随量子点能级的变化，其中电极的极化强度取作 $p_L = p_R = p = 0.4$。如图 3-2（a）所示，自旋向上和向下的电导 $G_\uparrow$ 和 $G_\downarrow$ 呈现典型的 Fano 线形，电导值陡然地从最大值（Fano 峰）降到最小值（Fano 谷）。不同自旋取向的 Fano 峰对应的量子点能级位置不同，但自旋向上、向下电导的 Fano 谷对应相同的能态。通过式（3-10）可以确定共振峰的能量位置为 $\varepsilon_d = 2t_d^2 t_{LR}/[t_{LR}^2 - (\pi\rho_0)^{-2}]$，共振谷的位置为 $\varepsilon_d = t_d^2/t_{LR}$。由此可以看出 Fano 峰的位置与电极的自旋极化强度有关，而 Fano 谷的位置与极化强度无关。因此电荷电导 $G_c = G_\uparrow + G_\downarrow$ 与自旋电导 $G_s = G_\uparrow - G_\downarrow$ 都呈现 Fano 线形。

介观系统的 Fano 效应是由于通过 A-B 环的电子的量子干涉引起的。对于嵌入量子点的 A-B 环，电子从一侧电极到达另一侧电极有两条路径：一条路径是通过直接连接左右电极的连续能级；另一条路径是通过量子点的离散的共振能级。干涉相长和相消分别对应隧穿的共振加强（Fano 峰）与共振抑制（Fano 谷）。假设自旋向上的电子为电极中的主要载流子，即 $\rho_{L\uparrow} + \rho_{R\uparrow} > \rho_{L\downarrow} + \rho_{R\downarrow}$，因此自旋向上电子对应的线宽函数大于自旋向下电子（$\Gamma_{\alpha\uparrow} > \Gamma_{\alpha\downarrow}$，$\Gamma_{LR\uparrow} > \Gamma_{LR\downarrow}$）。自旋向下电子的隧穿被抑制，而自旋向上电子的隧穿得到促进。所以如图 3-2（a）所示，自旋向上电导的值大于自旋向下电导的值，流经量子点环的电流被极化，产生自旋电导。

在图 3-2（b）中，给出了热电势 S 与量子点能级 ε_d 的关系。从图中可以看出 Fano 效应可以有效提高自旋相关的热电势 S_σ，在 Fano 谷热电势 S_σ 的正负将发生改变，并在谷两侧很小能量范围出现两个最值。在图 3-2（a）的讨论中，已知不同自旋取向的电子对应的隧穿系数 τ_σ 不同，因为 S_σ 是与 τ_σ 相关的函数，所以 $S_\uparrow$ 和 $S_\downarrow$ 彼此不再相等，S_s 为有限值。如图 3-2（a）所示，自旋向下的电导

值 $G_↓$ 小于自旋向上的电导值 $G_↑$。由于热电势是电荷（自旋）流为零时，温度差引起的电荷（自旋）积累，为了平衡作用于载流子的热力以达到电流为零的条件，需要对电导率较低的情况施加较大的偏压，从而引起较大的热电势。所以 $|S_↓|$ 的最大值大于 $|S_↑|$ 的最值。

由于不同自旋取向的 Fano 谷对应相同的量子点能级，所以 $|S_↑|$、$|S_↓|$ 的最大值对应的量子点能级位置相同。电荷热电势与自旋热电势定义为 $S_{c(s)} = (1/2)(S_↑ \pm S_↓)$，从图中容易看出，求解得到的电荷热电势比自旋热电势大很多倍。热电优值系数 $Z_{c(s)}T$ 与 $S_{c(s)}$ 的平方成正比，所以如图 3-2（c）所示，自旋优值系数比电荷优值系数小两个数量级。

接下来讨论电极中电子的自旋极化强度对自旋热电转换效率的影响。如图 3-2（d）所示，随着自旋极化强度 p 的增加，自旋优值系数 Z_sT 的线形基本不发生改变，Z_sT 值单调递增。这是因为，自旋向上电子的线宽函数随着电极中电子的极化强度的增加而增大，而自旋向下电子的线宽函数随之减小。所以自旋向上的电导增加，自旋向下的电导减小。自旋向上电导与自旋向下电导的差距变大，自旋电导 $G_s = G_↑ - G_↓$ 增强。根据图 3-2（b）中讨论的结果，较低的电导能够

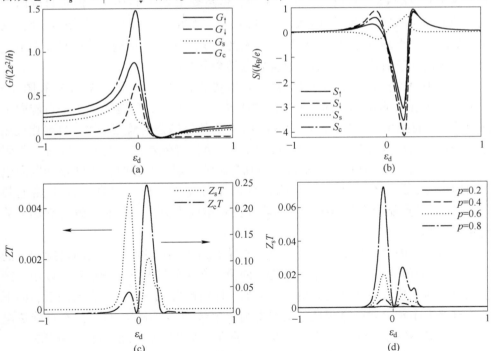

图 3-2　$p_L = p_R = p = 0.4$ 时，电导 G（a）、热电势 S（b）、优值系数 ZT（c）与量子点能级 ε_d 的依赖关系以及 p 取不同值时，自旋优值系数 Z_sT 随量子点能级的变化（d）（其中 $\phi_R = \varphi = 0$）

导致较大的热电势。电极中电子的自旋极化能够抑制自旋向上的热电势 $S_\downarrow$，促进自旋向下的热电势 $S_\uparrow$。因此自旋热电势和自旋优值系数 Z_sT 会随着极化强度的增加而增大。

3.2.2 自旋轨道耦合影响下的热电参数

下面讨论自旋轨道耦合及磁通对热电效应的影响，其中磁通引起的相位因子取做 $\varphi = \pi/2$，电极的极化强度取做 $p_L = p_R = p = 0.4$。在图 3-3（a）、(b) 中，令自旋轨道耦合引起的相位因子为 $\phi_R = \pi/2$。当选取这种特殊的磁通引起的相位以及自旋轨道耦合引起的相位时，与图 3-2（a）对比可以看出自旋向上电子的电导线性和共振（反共振）态都无改变，但是自旋向下电子的电导曲线发生了明显的变化。此时自旋向上、向下电导的 Fano 谷的位置不再重叠。这点从式 (3.10) 可以看出，当 Rashba 自旋轨道耦合存在时，透射系数不仅仅与电极的铁磁性相关，而且还与相位因子有关。此时自旋相关透射系数的共振谷的位置为 $\varepsilon_d = \sec\widetilde{\varphi} t_d^2 (\cos 2\widetilde{\varphi} t_{LR}^2 + (\pi\rho_\sigma)^{-2})/t_{LR}/(t_{LR}^2 + (\pi\rho_\sigma)^{-2})$，当 $\phi_R = \varphi = \pi/2$ 时自旋向上电子对应的 Fano 谷位置并不受影响，依然处于 $\varepsilon_d = t_d^2/t_{LR}$；但是自旋向下电子的 Fano 谷对应的量子点能级将移至 $\varepsilon_d = -t_d^2/t_{LR}$。因此自旋电导 G_s 会发生明显的改变，自旋电导值会有所增加，尤其是 $\varepsilon_d = t_d^2/t_{LR}$ 附近，由于自旋向下电子的电导值大于自旋向上的值，故自旋电导会出现负值。

接下来讨论自旋轨道耦合及磁通对热电势的影响。对比图 3-3（b）和图 3-2（b）可以看出，自旋向上的热电势的曲线 $S_\uparrow$ 完全重合，但是两幅图中自旋向下热电势 $S_\downarrow$ 的曲线呈反对称。与无 Rashba 自旋轨道耦合的情况相比，自旋相关热电势的最值大小没有改变，并且 $|S_\sigma|$ 的最大值位置依然出现在 G_σ 的 Fano 谷附近。但是通过对图 3-3 的讨论知道，当有自旋轨道耦合存在时，不同自旋取向电导对应的 Fano 谷不再重叠，因此自旋向上热电势 $|S_\uparrow|$ 和自旋向下热电势 $|S_\downarrow|$ 随量子点能级变化曲线对应的峰在能量空间中分离，从而导致自旋热电势 S_s 的明显增加。

值得注意的是，当量子点能级接近电导 G_σ 的共振态时，相应的自旋相关的热电势 S_σ 的值为零，但是 $S_{\bar\sigma}$ 却维持有限值。在这种情况下量子点环可以用作产生纯自旋向上或者向下电流的热电发电机。特别是当 $\varepsilon_d = 0$ 时，自旋向上、向下的热电势大小相等并符号相反，此时电荷热电势为零（$S_c = 0$），只有自旋热电势存在（$S_s \neq 0$），这表明量子点两端的温度梯度可以产生纯的自旋热电势。

图 3-3（c）给出了相位因子取不同值时，自旋优值系数随量子点能级的变化。从图中可以看出当相位因子取特殊值时，由于自旋电导和自旋热电势的增加，Z_sT 的值明显增大。无自旋轨道耦合时（$\phi_R = 0$），Z_sT 的最大值仍小于

0.01。当自旋轨道耦合相位 ϕ_R 从 0 增加到 $\pi/2$,Z_sT 的值也随之增大。$\phi_R = \pi/2$ 时 Z_sT 的最大值能够达到 0.3,这个值比无自旋轨道耦合情况下得到的 Z_sT 最值大几个数量级。从式(3-10)可以看出自旋相关的电导 G_σ 与自旋相关的热电势 S_σ 都是 $\cos(\varphi - \sigma\phi_R)$ 的函数,在 φ 不为零的前提下,不同自旋取向的电导和热电势之间的差距随着 ϕ_R 的增大而增加。因此自旋优值系数 Z_sT 会随着 Rashba 自旋轨道耦合效应的增强而增大,并且在 $\phi_R = \varphi = n\pi/2$($n$ = 1,2,3,…)时能够达到最大值。

图 3-3(c)的插图,给出了 $\phi_R = \varphi = \pi/2$、$p_L = p_R = p = 0.9$ 时自旋优值系数 Z_sT 随量子点能级 ε_d 的变化。从图中可以看出 Z_sT 值会随着极化强度增强而增大,这与无自旋轨道耦合时(图 3-2(d))得到的结论是一致的。然而值得注意

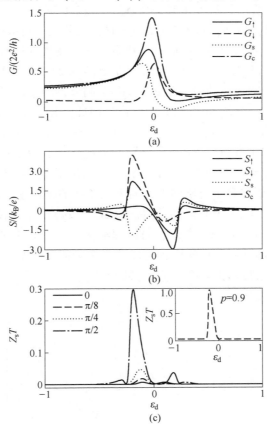

图 3-3 $p_L = p_R = p = 0.4$、$\phi_R = \varphi = \pi/2$ 时,电导 G(a)、热电势 S(b)与量子点能级 ε_d 的依赖关系以及 $\varphi = \pi/2$,ϕ_R 取不同值时,自旋优值系数 Z_sT 随量子点能级 ε_d 的变化(c)

(插图:$p_L = p_R = p = 0.9$,$\phi_R = \varphi = \pi/2$ 时,自旋优值系数 Z_sT 与量子点能级 ε_d 的依赖关系)

的是，在铁磁电极和自旋轨道耦合效应的共同作用下，Z_sT 值在 $p = 0.9$ 时能够达到 1。如果通过某些特殊的器件设计降低甚至忽略声子热导，Z_sT 值还能得到进一步的提升。

3.2.3 自旋热电势和优值系数随磁通量的震荡

本章最后讨论自旋热电势 S_s、自旋优值系数 Z_sT 以及电荷优值系数 Z_cT 随 ϕ_R 的震荡，其中令 $\varphi = \pi/2$、$p_L = p_R = p = 0.4$。量子点的能级分别选取共振态、零能级和反共振态，即 $\varepsilon_d = -0.2$、0 和 0.2。从图中可以看出自旋热电势、优值系数以及电荷优值系数都是以 2π 为周期的函数。通过调节自旋轨道耦合效应，可以容易地调节自旋热电势的大小和方向。

如图 3-4（a）所示，对于共振态当 $\phi_R = (1/2 + 2n)\pi$（$n = 0, 1, 2, \cdots$）时 $|S_s|$ 能得到最大值，当 $\phi_R = (3/2 + 2n)\pi$ 时，反共振态对应的 $|S_s|$ 可以得到最值。这是因为当 $\phi_R = (1/2 + 2n)\pi$ 时，共振态的自旋热电势值大于反共振态对应的自旋热电势，即 $|S_s|(\varepsilon_d = -0.2) > |S_s|(\varepsilon_d = 0.2)$（如图 3-3（b）所示）。由于自旋相关热电势 S_σ 可以通过 $\cos(\varphi - \sigma\phi_R)$ 调节，当 $\phi_R = (3/2 + 2n)\pi$ 时，S_s 的线形与图 3-3（b）中 S_s 的曲线呈反对称，因此共振态的自旋热电势小于其反共振态对应的值，即 $|S_s|(\varepsilon_d = 0.2) > |S_s|(\varepsilon_d = -0.2)$。因此对于 $\varepsilon_d = -0.2$，主峰位于 $\phi_R = (1/2 + 2n)\pi$ 的位置，子峰位于 $\phi_R = (3/2 + 2n)\pi$；然而对于 $\varepsilon_d = 0.2$，子峰位于 $\phi_R = (1/2 + 2n)\pi$ 的位置，主峰位于 $\phi_R = (3/2 + 2n)\pi$。在 ϕ_R 空间中主峰之间的距离等于自旋向上、向下电子间的相位差。由于 $\varepsilon_d = 0$ 为对称点，$|S_s|(\phi_R = (1/2 + 2n)\pi) > |S_s|(\phi_R = (3/2 + 2n)\pi)$，所以如图 3-4（b）所示，$Z_sT$ 的周期由 2π 变成 π。同理，可以理解图 3-4（c）中的线形走势。

通过图 3-4（b）与（c）的比较可以看出 Z_sT 值与 Z_cT 值很接近。因此结论表明在铁磁电极和自旋轨道耦合效应的共同作用下，单电子量子点环可以被用作高效率的自旋热电发电机。

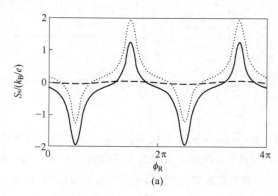

(a)

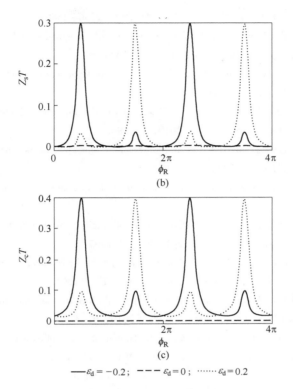

图 3-4 $\varphi = \pi/2$，ε_d 取不同值时，自旋热电势 S_s(a)、
自旋优值系数 Z_sT(b) 和电荷优值系数 Z_cT(c) 随 Rashba 相位 ϕ_R 的振荡

3.3 本章小结

本章讨论了室温下与磁矩平行的铁磁电极耦合的单量子点 A-B 环的自旋热电效应。研究表明在自旋轨道耦合效应和铁磁电极的共同作用下，自旋优值系数能够明显增大。在自旋轨道耦合引起的自旋相关干涉效应的辅助下，Z_sT 值能比只有铁磁电极存在的情况提高几个数量级。通过适当选取参数，自旋优值系数 Z_sT 在室温下能够达到 1。此外，调节系统参数可以产生对应较高 Z_sT 值的纯的自旋向上或向下的热电势。

参 考 文 献

[1] Uchida K, Takahashi S, Harii K, et al. Observation of the spin Seebeck effect [J]. Nature (London) 2008, 455 (7214): 778~781.

[2] Uchida K, Ota T, Harii K, et al. Spin Seebeck effect in $Ni_{81}Fe_{19}$/Pt thin films with different

Widths [J]. IEEE Trans. Magn. , 2009, 45 (6): 2386~2388.
[3] Uchida K, Ota T, Harii K, et al. Electric detection of the spin-Seebeck effect in ferromagnetic metals [J]. J. Appl. Phys. , 2010, 107: 09A951.
[4] Huang S Y, Wang W G, Lee S F, et al. Intrinsic spin-dependent thermal transport [J]. Phys. Rev. Lett. , 2011, 107: 216604.
[5] Jaworski C M, Yang J, Mack S, et al. Observation of the spin-Seebeck effect in a ferromagnetic semiconductor [J]. Nature Mater. , 2010, 9: 898.
[6] Jaworski C M, Yang J, Mack S, et al. Spin-Seebeck effect: A phonon driven spin distribution [J]. Phys. Rev. Lett. , 2011, 106: 186601.
[7] Uchida K, Xiao J, Adachi H, et al. Spin Seebeck insulator [J]. Nature Mater. , 2010, 9: 894.
[8] Uchida K, Adachi H, Ota T, et al. Observation of longitudinal spin-Seebeck effect in magnetic insulators [J]. Appl. Phys. Lett. , 2010, 97: 172505.
[9] Uchida K, Nonaka T, Ota T, et al. Longitudinal spin-Seebeck effect in sintered polycrystalline $(Mn, Zn)Fe_2O_4$ [J]. Appl. Phys. Lett. , 2010, 97: 262504.
[10] Slachter A, Bakker F L, Adam J P, et al. Thermally driven spin injection from a ferromagnet into a non-magnetic metal [J]. Nat. Phys. , 2010, 6: 879.
[11] Liebing N, Serrano-Guisan S, Rott K, et al. Tunneling magnetothermopower in magnetic tunnel junction nanopillars [J]. Phys. Rev. Lett. , 2011, 107: 177201.
[12] Jia X T, Xia K, Bauer G E W. Thermal spin Transfer in Fe-MgO-Fe tunnel junctions [J]. Phys. Rev. Lett. , 2011, 107: 176603.
[13] Walter M, Walowski J, Zbarsky V, et al. Seebeck effect in magnetic tunnel junctions [J]. Nature Mater. , 2011, 10: 742.
[14] Breton J, Sharma S, Saito H, et al. Thermal spin current from a ferromagnet to silicon by Seebeck spin tunnelling [J]. Nature, 2011, 475 (7354): 82~85.
[15] Naydenova T, Diirrenfeld P, Tavakoli K, et al. Diffusion thermopower of $(Ga, Mn)As/GaAs$ tunnel junctions [J]. Phys. Rev. Lett. , 2011, 107 (19): 197201.
[16] Wang Z M. Self-Assembled Quantum Dots [M]. New York: Springer, 2008.
[17] Dubi Y, Ventra M D. Thermospin effects in a quantum dot connected to ferromagnetic leads [J]. Phys. Rev. B, 2009, 79: 081302.
[18] Swirkowicz R, Wierzbicki M, Barnas J. Thermoelectric effects in transport through quantum dots attached to ferromagnetic leads with noncollinear magnetic moments [J]. Phys. Rev. B, 2009, 80 (19): 2665~2668.
[19] Wierzbicki M, Swirkowicz R. Electric and thermoelectric phenomena in a multilevel quantum dot attached to ferromagnetic electrodes [J]. Phys. Rev. B, 2010, 82: 165334.
[20] Ying Y B, Jin G J. Optically and thermally manipulated spin transport through a quantum dot [J]. Appl. Phys. Lett. , 2010, 96: 093104.
[21] Qi F H, Ying Y B, Jin G J. Temperature-manipulated spin transport through a quantum dot

transistor [J]. Phys. Rev. B, 2011, 83: 075310.

[22] Blanter Y M, Bruder C, Fazio R, et al. Aharonov-Bohm-type oscillations of thermopower in a quantum-dot ring geometry [J]. Phys. Rev. B, 1997, 55: 4069.

[23] Kim T S, Hershfifield S. Thermopower of an Aharonov-Bohm interferometer: Theoretical studies of quantum dots in the Kondo regime [J]. Phys. Rev. Lett., 2002, 88: 136601.

[24] Kim T S, Hershfifield S. Thermoelectric effects of an Aharonov-Bohm interferometer with an embedded quantum dot in the Kondo regime [J]. Phys. Rev. B, 2003, 67: 165313.

[25] Hamaya K, Masubuchi S, Kawamura M, et al. Spin transport through a single self-assembled InAs quantum dot with ferromagnetic leads [J]. Appl. Phys. Lett., 2007, 90: 053108.

[26] Hamaya K, Kitabatake M, Shibata K, et al. Electric-field control of tunneling magnetoresistance effect in a Ni/InAs/Ni quantum-dot spin valve [J]. Appl. Phys. Lett., 2007, 91: 022107.

[27] Hamaya K, Kitabatake M, Shibata K, et al. Oscillatory changes in the tunneling magnetoresistance effect in semiconductor quantum-dot spin valves [J]. Phys. Rev. B, 2008, 77: 081302.

[28] Yacoby A, Heiblum M, Mahalu D, et al. Coherence and phase sensitive measurements in a quantum dot [J]. Phys. Rev. Lett., 1995, 74: 4047.

[29] Schuster R, Buks E, Heiblum M, et al. Phase measurement in a quantum dot via a double-slit interference experiment [J]. Nature (London), 1997, 385: 417.

[30] Hofstetter W, König J, Schoeller H. Kondo correlations and the Fano effect in closed Aharonov-Bohm interferometers [J]. Phys. Rev. Lett., 2001, 87: 156803.

[31] Dubi Y, Ventra M D. Colloquium: Heat flow and thermoelectricity in atomic and molecular junctions [J]. Rev. Mod. Phys., 2001, 83: 131.

[32] Sun Q F, Wang J, Guo H. Quantum transport theory for nanostructures with Rashba spin-orbital interaction [J]. Phys. Rev. B, 2005, 71: 165310.

[33] Chi F, Zheng J. Spin separation via a three-terminal Aharonov-Bohm interferometers [J]. Appl. Phys. Lett., 2008, 92: 062106.

[34] Schwab K, Henriksen E A, Worlock J M, et al. Measurement of the quantum of thermal conductance [J]. Nature (London), 2000, 404: 974.

[35] Rego L G C, Kirczenow G. Quantized thermal conductance of dielectric quantum wires [J]. Phys. Rev. Lett., 1998, 81: 232.

[36] Segal D, Nitzan A, Hänggi P. Thermal conductance through molecular wires [J]. J. Chem. Phys., 2003, 119: 6840.

4 非平衡态 A-B 环上磁杂质量子点系统中自旋热电效应

在过去的二十年里，介观体系中的热电效应获得了许多学者的关注。理论[1~3]和实验[4~9]的研究都表明，由于其 δ 形的态密度和电子之间的相互作用，在低维结构中容易获得较高的热电转换效率。因此，量子点作为零维系统，被认为是纳米尺度下的发电或冷却器件的重要构成部分。以自旋 Seebeck 效应为代表的自旋热电效应，被认为将会是一种新的实现自旋操纵的途径，或许将在实现自旋流产生的自旋电子学器件上得到应用。

由于典型的热电操纵都是处于非平衡态的情况[10]，越来越多的研究工作都将研究重点聚焦于介观体系下非线性区域的热电性质上[11~14]。处于非平衡态的系统通常可以用输出功 P_{out} 和热电转换效率 η 来描述。Liu 等人提出在由串联双量子点组成的热电机系统中，热电转换效率甚至能接近理想的卡诺机[12]。而 Wierzbicki 和 Swirkowicz 在铁磁端口的条件下研究了非线性响应区域的热电效应，发现标准化热电转换效率 η/η_C（η_C 是工作在低温 T_L、高温 T_H 的理想卡诺热机的效率）可以达到 0.5，并且当端口的极化率比较极限的情况下（$p=0.95$），自旋热电转换效率最大能达到 0.95[11]。

基于单分子磁体（Single-Molecule-Magnet，SMM）[15]或磁掺杂量子点（比如 CdTe 量子点掺杂 Mn^{2+}，能达到 $S=5/2$ 的水平[16]），科研人员对电子-自旋耦合的自旋态电子调制进行了研究。Wang 等人在线性响应区域 SMM 自旋阀中，在不借助外磁场或铁磁端口的情况下，获得了较高的热电优值[17]。此外，在铁磁端口 A-B 环双量子点结构中，理论上也证实了通过调节 Rashba 自旋轨道耦合强度和磁通可以获得较大的自旋转换效率[18]。

本章对与普通金属电极弱耦合的 A-B 环系统进行理论研究，在 A-B 环的一臂上嵌入一个带有磁性杂质的量子点（图 4-1）。同时，在中心区域施加温度梯度和电势差，其中 $T_L = T_R + \Delta T$、$\mu_{L(R)} = \mu_0 + eV_{bias}/2$，$\mu_0$ 是系统处于平衡状态下的费米能，在这里取作 0meV。左端口将作为热池向系统提供热电子，正向的电偏压会驱动电流从右端口流向左端口。在这个系统中，由于低温及端口、量子点内的态密度失配，我们忽略了声子对电导、电流贡献[19,20]，并在非线性响应区域计算了自旋输出功和对应的自旋功率。由于磁杂质和量子点内的电子之间的交换作用的影响，自旋相关的电流在能量空间出现分离退简并，并由此得到显著的自旋热电效应。此外，研究还发现了这一自旋输出功或功率的大小和方向都可以通过门电压、Rashba 自旋轨道耦合强度和磁通进行有效的调节。

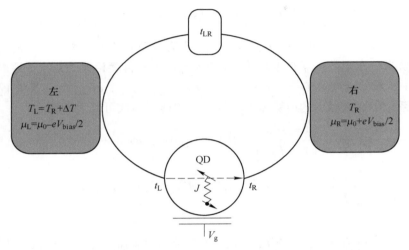

图 4-1 与普通金属电极弱耦合的 A-B 环上嵌入磁杂质量子点系统的结构示意图

4.1 理论方法与计算公式

在引入 Rashba 自旋轨道耦合和磁通的情况下，系统的哈密顿量可以表示为：

$$H = \sum_{k\alpha\sigma} \varepsilon_{k\alpha\sigma} c^+_{k\alpha\sigma} c_{k\alpha\sigma} + \sum_{\sigma} \varepsilon_d d^+_\sigma d_\sigma + J\mathbf{s} \cdot \mathbf{s} + \sum_{k\sigma} (t_L c^+_{kL\sigma} d_\sigma + t_R e^{\phi_B - \sigma\phi_R} c^+_{kR\sigma} d_\sigma + t_{LR} c^+_{kL\sigma} c_{kR\sigma} + \text{H.c.}) \quad (4\text{-}1)$$

式中，$C^+_{k\alpha\sigma}$（$C_{k\alpha\sigma}$）为 α 端口中具有能量 $\varepsilon_{k\alpha\sigma}$、动量 k 和自旋 σ 的电子的产生（湮灭）算符；d^+_σ（d_σ）为量子点内能级 ε_σ 上带有自旋 σ 的电子的产生（湮灭）算符；第三项为磁杂质和量子点内电子的交换作用，J 为交换作用的耦合强度，$\mathbf{s} = (\hbar/2) \sum_{\sigma\sigma'} d^+_\sigma \hat{\sigma}_{\sigma\sigma'} d_\sigma$ 为磁杂质中的自旋算符。在磁杂质中，由于存在单占的自旋态，因此可以通过一套算符 s^z、s^+、s^- 描述。因此，交换作用项可以改写作 $J\mathbf{s} \cdot \mathbf{s} = \frac{J}{2}(d^+_\uparrow d_\uparrow - d^+_\downarrow d_\downarrow)s^z + \frac{J}{2}d^+_\uparrow d_\downarrow s^- + \frac{J}{2}d^+_\downarrow d_\uparrow s^+$；最后一项为端口和量子点、端口和端口间的隧穿项，$\phi_B$ 为由磁通引入的自旋无关的相位因子，$\sigma\phi_R$ 为由 Rashba 自旋轨道耦合作用引入的自旋相关的相位因子。

在稳态的情况下，自旋相关的电流 I_σ 以及不同自旋分量 σ 的载流子输运的热流 $J^{L(R)}$ 可以通过运动方程方法严格推导：

$$\begin{cases} I_\sigma = \dfrac{e}{h}\int \tau_\sigma(\varepsilon)[f_L(\varepsilon) - f_R(\varepsilon)]\mathrm{d}\varepsilon \\ J^{L(R)} = \displaystyle\sum_\sigma \dfrac{1}{h}\int (\varepsilon - \mu_{L(R)})\tau_\sigma(\varepsilon)[f_{L(R)}(\varepsilon) - f_{R(L)}(\varepsilon)]\mathrm{d}\varepsilon \end{cases} \quad (4\text{-}2)$$

式中,$f_\alpha(\varepsilon) = \{1 + \exp[(\varepsilon - \mu_\alpha)/k_B T_\alpha]\}^{-1}$ 为端口 α 在化学势 μ_α、温度 T_α 条件下的费米分布函数;k_B 是玻耳兹曼常数;$\tau_\sigma(\varepsilon)$ 是自旋相关的载流子透射系数。如图 4-1 所示,选取了 $T_L = T + \Delta T$、$T_R = T$ 和 $\mu_{L/R} = \mu_0 \mp eV_{bias}/2$,其中 $V_{bias} > 0$ 是加在系统中心区域上的电势差。自旋相关的透射系数可以表示为

$$\tau_\sigma(\varepsilon) = \dfrac{2\Gamma_{LR}}{(1+\Gamma_{LR})^2} + \dfrac{\mathrm{Re}[G^r_{d\sigma}]}{(1+\Gamma_{LR})^3}[2(1-\Gamma_{LR})M\cos\phi_\sigma] +$$

$$\dfrac{\mathrm{Im}[G^r_{d\sigma}]}{(1+\Gamma_{LR})^3(\Gamma_L + \Gamma_R)}[\Gamma_{LR}(\Gamma_L^2 + \Gamma_R^2) - (1+\Gamma_{LR}^2)\Gamma_L\Gamma_R + 4M^2\cos^2\phi_\sigma]$$
$$(4\text{-}3)$$

式中,$\Gamma_\alpha = 2\pi\rho_\alpha t_\alpha^2$、$\Gamma_{LR} = \pi^2\rho_L\rho_R t_{LR}^2$、$M = 2\pi^2\rho_L\rho_R t_{LR}t_L t_R$、$\phi_\sigma = \phi_B - \sigma\phi_R$;$\rho_\alpha$ 为金属端口 α 中的态密度。量子点中的格林函数 G^r_σ 可以通过下面的运动方程计算:

$$\ll d_\sigma | d_\sigma^+ \gg = (\omega - \varepsilon)^{-1}[1 + U \ll d_\sigma n_{d\bar\sigma} | d_\sigma^+ \gg + \dfrac{J}{2} \ll d_{\bar\sigma}s^- | d_\sigma^+ \gg +$$

$$\dfrac{J}{2} \ll d_\sigma s^z | d_\uparrow^+ \gg + t_L \sum_k \ll c_{kL\sigma} | d_\sigma^+ \gg +$$

$$t_R e^{-i\phi_\sigma} \sum_k \ll c_{kR\sigma} | d_\sigma^+ \gg] \quad (4\text{-}4)$$

其中多体格林函数(如 $\ll d_\sigma n_{d\bar\sigma} | d_\sigma^+ \gg$、$\ll d_{\bar\sigma}s^- | d_\sigma^+ \gg$、$\ll d_\sigma s^z | d_\uparrow^+ \gg$ 等)同样可以使用运动方程方法进一步展开。为了使这一系列的运动方程封闭,对多体格林函数在一定近似条件下做出了截断。由于 A-B 环与端口之间弱耦合,且系统处于 Kondo 温度以上[21]

$$\begin{cases} t_L \displaystyle\sum_k \ll c_{kL\sigma'}\hat{O} | d_\sigma^+ \gg + t_R e^{-i\phi'_\sigma}\sum_k \ll c_{kR\sigma'}\hat{O} | d_\sigma^+ \gg \\ \approx -\dfrac{i}{2}\dfrac{(\Gamma_L + \Gamma_R) - M\cos\phi_{\sigma'}}{1 + \Gamma_{LR}} \ll d_{1\sigma'}\hat{O} | d_\sigma^+ \gg \\ \ll c_{kL\sigma'}^+ d_{\sigma'}\hat{O} | d_\sigma^+ \gg \approx \ll d_{\sigma'}^+ c_{kL\sigma'}\hat{O} | d_\sigma^+ \gg \end{cases} \quad (4\text{-}5)$$

通过近似截断,量子点内的推迟格林函数 $G^r_{d\sigma}$ 可以自洽求解。结合式 (4-2) 和式 (4-3),从而得到中心区域流过的自旋相关电流和热量流。其中,电流可以写作 $I = I_\uparrow + I_\downarrow$,自旋流写作 $I_s = (I_\uparrow - I_\downarrow)\hbar/(2e)$,而端口 α 中流出的热量流则是 $J^\alpha = J^\alpha_\uparrow + J^\alpha_\downarrow$。

4.2 结果讨论

在接下来的计算中，选取 $k_B T_L = 0.11\text{meV}$ 及 $k_B T_R = 0.1\text{meV}$。量子点内的能级 ε_d 可以通过门电压 V_g 调节。磁性杂质中的自旋 $<s^z>$ 被取作 0.5 并且这里仅考虑 J 为正的情况，$J<0$ 的情况是类似的，仅在透射率及电流的峰值出现移动。量子点与金属端口弱耦合，耦合强度 $t_L = t_R = 0.04\text{meV}$（即 $\Gamma_L = \Gamma_R = 0.01\text{meV}$），而端口之间的直接隧穿项则有 $t_{LR} = 0.01\text{meV}$。

只有当通过中心区域的电流 $I > 0$ 时，热电器件才能够作为热电机对外做功，并存在一个输出功。考虑到能量守恒，这样一个自旋输出功可以定义为：

$$P_{\text{out}}^{\text{spin}} = \begin{cases} (2e/h) I_s V_{\text{bias}}, & I_\uparrow \geqslant 0 \text{ 且 } I_\downarrow \geqslant 0 \\ 0, & \text{其他情况} \end{cases} \quad (4\text{-}6)$$

而热电机的热电转换效率则可以通过热电转换效率 $\eta = P_{\text{out}}^{\text{spin}}/J^L$ 和标准化的热电转换效率 η/η_C 来表示。

4.2.1 非平衡态下的热电流

如图 4-2 所示，在温度梯度和电势差的共同作用下，电流由负转正并且随着 V_g 的进一步增大而衰减为 0。由于交换作用，量子点内的能级劈裂为自旋单态和自旋三重态[22]，并出现有限值的自旋电流。在 $J > 0$ 和 $s^z > 0$ 的情况，自旋单态 $\varepsilon_1 - 3J/4$（或自旋三重 $\varepsilon_1 + J/4$）通道上，自旋 ↓（或自旋 ↑）更容易隧穿通过[22]。因此，随着调节 V_g，两种自旋分量的电流将会出现不同步的变化，并且在门电压临界点 V_g^{on} 出现 $I_\uparrow > I_\downarrow = 0$ 的情况；而继续增大门电压，$I_\uparrow$ 将会率先衰减，并且输出电流将会出现自旋反转，随后两种自旋的电流将会不同步地衰减为零。

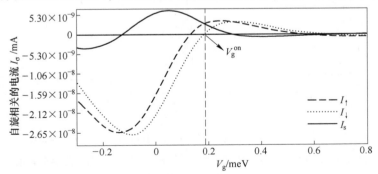

图 4-2 自旋相关的电流随门电压的变化

($<s^z> = 0.5$, $J = 0.09\text{meV}$, $\mu_{L/R} = \mu_0 \mp eV_{\text{bias}}/2$,
$\mu_0 = 0\text{meV}$, $eV_{\text{bias}} = 0.015\text{meV}$)

4.2.2 交换作用对热电输运的影响

从图 4-3（a）可以看到，自旋流将会随着 J 的减小而减弱，并最终在 $J=0$ 时消失。这是由于这里出现的自旋流是源自交换作用使得电流在能量空间中出现自旋退简并。而在图 4-3（b）、（c）和图 4-4 中，可以看到自旋输出功强烈依赖于门电压 V_g。当门电压超过 V_g^{on} 时，输出功和转换效率迅速跳变达到最大值，并

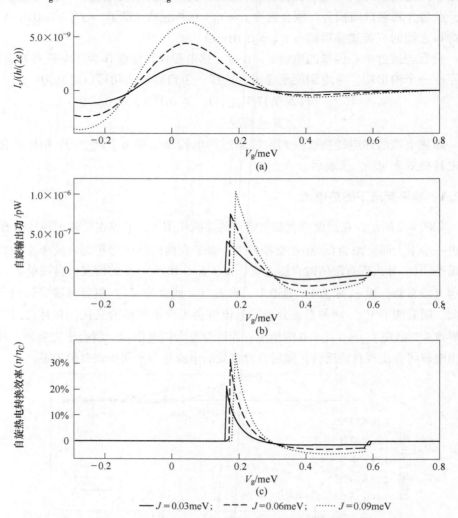

图 4-3 自旋电流（a）、自旋输出功（b）和标准化的自旋热电转换
效率（c）在不同 J 的情况下随门电压的变化

（$<s^Z> = 0.5$，$\mu_{L/R} = \mu_0 \mp eV_{bias}/2$，$\mu_0 = 0\mathrm{meV}$，$eV_{bias} = 0.015\mathrm{meV}$，
图中负的输出功和转换效率表示的是在工作区域输出自旋向下的电流时对应的输出功和转换效率）

在门电压进一步增大后迅速衰减。而 V_g^{on} 出现的位置也会随着 J 的变化存在 $3J/4$ 的移动。在定义中，自旋输出功的临界门电压 $V_g^{on(spin)}$ 满足式（4-7），因此 $V_g^{on(spin)}$ 处会出现 $I_\uparrow > I_\downarrow = 0$ 的情况，可以看到当门电压超过 V_g^{on} 时，输出功 P_{out}^{spin} 和转换效率 η 迅速跳变达到最大值并出现单侧陡峭的峰。随着 V_g 进一步增大后 P_{out}^{spin} 和 η 将会迅速衰减并转为负值，此时 $\varepsilon - 3J/4$ 通道在输运过程中被激活。然而，由于自旋单态和自旋三重态之间存在一个依赖于 J 的空隙，两种自旋分量的电流将不同步地衰减为零。

此外，自旋向下的极化电流在工作区域较自旋向上的小，这主要是因为自旋向上的极化电流的产生是由于自旋向上的电流先于自旋向下突破临界点，而对自旋向下的极化电流，主要产生于自旋向上电流饱和并衰减（即此时自旋向上的电流分量不为零）。

4.2.3 非平衡态热电输运的工作区域

如图 4-4 所示，图中工作区域的左侧边界（点线）表示不同偏压 V_{bias} 下门电压的临界电压 V_g^{on}，可以发现，V_g^{on} 和 V_{bias} 在 V_{bias} 较小的情况下是线性相关的，这点在一定程度上可以通过 Sommerfeld 展开解释：

$$I_\sigma \cong \frac{2\pi^2 k_B^2 T_R}{3} \left[\tau^\sigma(\mu) \Delta T + eV_{bias} T_R \tau'(\mu) \right] \tag{4-7}$$

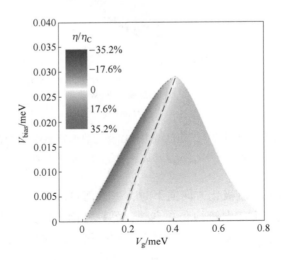

图 4-4　标准化的热电转换效率随门电压和偏压的变化
（$J = 0.09\text{meV}$，$<s^z> = 0.5$，$\mu_{L/R} = \mu_0 \mp eV_{bias}/2$，$\mu_0 = 0\text{meV}$）

随着 V_{bias} 的增大，系统存在输出功的工作区域将会变窄，并且在 $V_{bias} = 0.029\text{meV}$ 时消失，这一偏压对应的是系统能产生的最大热电势差。由于系统的输运过程受能级 $\varepsilon - 3J/4$ 和 $\varepsilon + J/4$ 的调制，自旋热电转换效率强烈依赖 V_g 并且在工作区域的边界处（即临界电压 V_g^{on} 处）达到最大值，此时有 $I_\uparrow > I_\downarrow = 0$。而在工作区域，对任意的 V_{bias}，总是存在一个自旋反转的门电压 V_g^{res}（图中点划线处）。

在 J 不同的情况下将工作区域中所有的自旋输出功和自旋热电转换效率取出，可以得到图 4-5 的图形。从图中可以看到，对于输出自旋向上极化电流时，输出功和转换效率将会同步地达到最大值，这样一个最大值主要是源自不同自旋分量的电流由于交换作用出现的自旋退简并而导致的自旋电流在临界门电压处出现的跳变。

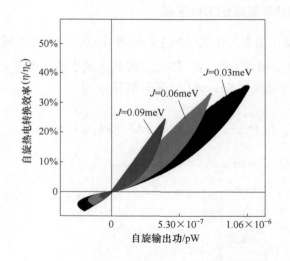

图 4-5　对不同的 J 工作区域中输出功与热电转换效率的图形
（$<s^Z> = 0.5$，$\mu_{L/R} = \mu_0 \mp eV_{bias}/2$，$\mu_0 = 0\text{meV}$）

然而，对于输出电流极化方向向下时，一方面自旋电流的极大值（此时为负极大）源自于自旋向上的电流饱和并衰减；另一方面，因为左端口温度较高，同样数量的载流子，来自左端口将会带有更多的能量，即便这些载流子来自左右端口时产生的电流是一样的，热量流 J^L 和自旋相关的电流 I_σ 并不同时变大或减小，因此，此时输出功 P_{out}^{spin} 和转换效率 η 并不能够同时到达最大值，且它们的最大值都小于自旋向上的情况。

4.2.4 相位因子对热电输运的影响

Rashba 自旋轨道耦合存在两个效应[23,24]：(1) 电子在输运过程中获得一个自旋相关的相位；(2) 量子点内不同能级上的电子出现自旋翻转。假设量子点仅存在一个自旋简并能级，因此点内的自旋翻转效应可以忽略。因此哈密顿量中的隧穿项将受到由自旋轨道耦合效应引入的自旋相关的相位因子 ϕ_R 和由磁通引入的自旋无关的相位因子 ϕ_B 的调制。在仅考虑输运过程的一阶过程时，量子点和两端口之间的等效耦合强度可以写作[25]：

$$\begin{cases} \gamma_{L\sigma} = (2\pi)^{-1}(\Gamma_L + 2\Gamma_{LR} + 2M\sin\phi_\sigma) \\ \gamma_{R\sigma} = (2\pi)^{-1}(\Gamma_R + 2\Gamma_{LR} - 2M\sin\phi_\sigma) \end{cases} \quad (4-8)$$

因此，每种自旋 σ 的电子透射概率可以近似地正比于 $\cos(\Delta\theta - \phi_\sigma)$，其中，$\Delta\theta$ 为电子波分别隧穿通过 A-B 环两臂而引入的相差。通过调节 ϕ_R 和 ϕ_B，能够有效地操纵每一种自旋分量的电子通过 A-B 环后获得的相干相位，并由此可以观测到自旋相关的电流出现经典的 AB 振荡（图 4-6（a）、（b））。

为了讨论相位因子的影响，图 4-6 给出了自旋输出功和自旋热电转换效率随着 ϕ_R 和 ϕ_B 的变化。注意到式（4-3）中自旋相关的透射概率受到相位因子项 $\cos\sigma$ 的调制，因此自旋 σ 电子的透射概率近似地正比于 $\cos(\Delta\theta - \phi_\sigma)$[23]。因此自旋相关的电流会随着 ϕ_B 或 ϕ_R 变化而呈现典型的 AB 振荡（图 4-6（a）、(b)）。$I_\uparrow$ 在 $\phi_B = \phi_R$ 达到最大值，而 $I_\downarrow$ 在 $\phi_B = \pi - \phi_R$ 获得最小值（即负号最大值）。因此，在 $\phi_B = \phi_R = \pi/2$ 处将获得最大值的自旋电流。然而，根据式（4-7）中的定义，无论哪种自旋相关的电流小于零时，系统都将偏离工作区域，因此在对应区域将出现自旋转换效率的跳变为零（图 4-6（c））。在图 4-7 中绘制了任意 V_g 和 V_{bias} 条件下自旋热电转换效率能获得的最大值和自旋热电转换效率能获得的最大值随 ϕ_R 和 ϕ_B 的变化。由于自旋相关的电流呈现 AB 振荡，并且有可能诱使系统偏离工作区域，最大值的转换效率随着 ϕ_R 和 ϕ_B 呈现出台阶状的振荡。通过调节 ϕ_R 和 ϕ_B，转换效率能获得的最大值将会出现有效的增强：最大约为 35%，其极大值位于 $\phi_R = \phi_B = 0.15\pi$ 处。而对于转换效率能获得的最小值则呈现出典型的 AB 振荡，其极值点位于 $\phi_R = \phi_B = 0.5\pi$ 和 $\phi_R = \phi_B - \pi = 0.5\pi$ 处。这是由于转换效率的最大值通常出现在 $V_g = V_g^{on}$ 处；但最小值则是源自自旋向上的电流达到饱和，而这通常不会导致系统偏离工作区域。此外，当 $\phi_R = \phi_B - \pi = 0.5\pi$ 时，转换效率将获得最小值（负向最大），大约为 -12%，而这一数值在不考虑相位的影响时仅有 -4.8%。

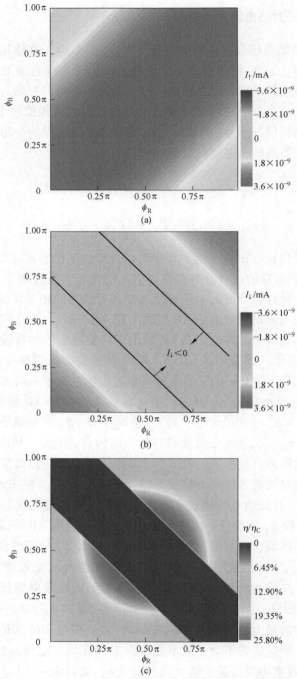

图 4-6　$I_\uparrow$（a）、$I_\downarrow$（b）及 η/η_C（c）随 ϕ_R 和 ϕ_B 的变化
（$J = 0.09\text{meV}$，$V_g = 0.25\text{meV}$，$V_{\text{bias}} = 0.015\text{meV}$）

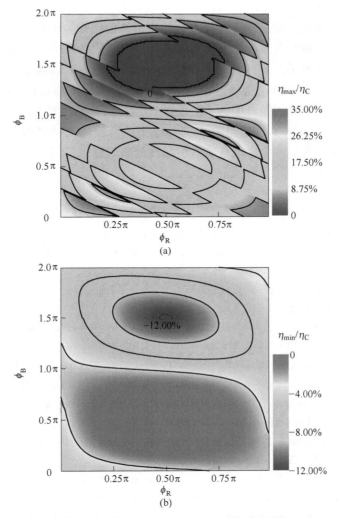

图 4-7 任意 V_g 和 V_{bias} 条件下自旋热电转换效率能获得的最大值（a）和自旋热电转换效率能获得的最小值（b）随 ϕ_R 和 ϕ_B 的变化

4.3 本章小结

本章提出了一个高自旋转换效率的结构，这一系统由 A-B 环的一臂嵌入带有磁性杂质的量子点构成。由于磁性杂质和量子点内的电子之间的 Heisenberg 交换作用可以等效为外加磁场，自旋空间将会出现分离，因此将观测到显著的自旋输出功和自旋转换相率。该效应不依赖于外加的磁场或铁磁电极，且其自旋输出功

与转换效率随着 J 的增强而增强,并在 $V_g = V_g^{on(spin)}$ 获得最大值。

计算结果表明,在 $V_g = V_g^{rev}$ 处存在输出电流的极化方向翻转,因此输出极化电流的输出功率的大小和极化方向都可以通过门电压来调节。端口间的直接耦合引入了相干相位因子,并且借此自旋输出功和转换效率可以通过 ϕ_R 和 ϕ_B 有效地调制。对不同的 V_g 和 V_{bias},转换效率能获得的最大值将随着 ϕ_R 和 ϕ_B 呈现锯齿状的振荡;而最小值则是典型的 AB 振荡,并在 $\phi_R = \phi_B = 0.5\pi$ 和 $\phi_R = \phi_B - \pi = 0.5\pi$ 达到极值。此外,在适当的 ϕ_R 和 ϕ_B 下,自旋输出功率将会得到有效的增强。这些现象和性质,给热电自旋电机器件的研制提供了可行的理论模型,具有一定的应用价值。

参 考 文 献

[1] Swirkowicz R, Wierzbicki M, Barnas J. Thermoelectric effects in transport through quantum dots attached to ferromagnetic leads with noncollinear magnetic moments [J]. Phys. Rev. B, 2009, 80: 195409.

[2] Finch C M, Garcıa-Suarez V M, Lambert C J. Giant thermopower and figure of merit in single-molecule devices [J]. Phys. Rev. B, 2009, 79: 033405.

[3] Liu Y S, Chen Y C. Seebeck coefficient of thermoelectric molecular junctions: First-principles calculations [J]. Phys. Rev. B, 2009, 79: 193101.

[4] Venkatasubramanian R, Siivola E, Colpitts T, et al. Thin-film thermoelectric devices with high room-temperature figures of merit [J]. Nature (London), 2001, 413: 597.

[5] Hochbaum A I, Delgado R D, Liang W, et al. Enhanced thermoelectric performance of rough silicon nanowires [J]. Nature (London), 2008, 451: 163.

[6] Harman T C, Taylor P J, Walsh M P, et al. Quantum dot superlattice thermoelectric materials and devices [J]. Science, 2002, 297: 2229.

[7] Mukerjee S, Moore J E. Doping dependence of thermopower and thermoelectricity in strongly correlated materials [J]. Appl. Phys. Lett., 2007, 90: 112107.

[8] Reddy P, Jang S Y, Segalman R A, et al. Thermoelectricity in molecular junctions [J]. Science, 2007, 315: 1568.

[9] Reis M S, Soriano S, Santos A M, et al. Evidence for entanglement at high temperatures in an engineered molecular magnet [J]. Eur. Lett., 2012, 100: 50001.

[10] Leijnse M, Wegewijs M R, Flensberg K. Nonlinear thermoelectric properties of molecular junctions with vibrational coupling [J]. Phys. Rev. B, 2010, 82: 045412.

[11] Wierzbicki M, Swirkowicz R. Power output and efficiency of quantum dot attached to ferromagnetic electrodes with non-collinear magnetic moments [J]. J. Magn. Magn. Mater., 2012, 324: 1516.

[12] Liu Y S, Yang X F, Hong X K, et al. A high-efficiency double quantum dot heat engine [J]. Appl. Phys. Lett., 2013, 103: 093901.

[13] Harbola U, Rahav S, Mukamel S. Quantum heat engines: A thermodynamic analysis of power and efficiency [J]. Eur. Lett., 2012, 99: 50005.

[14] Kennes D M, Schuricht D, Meden V. Efficiency and power of a thermoelectric quantum dot device [J]. Eur. Lett., 2013, 102: 57003.

[15] Trif M, Troiani F, Stepanenko D, et al. Spin-electric coupling in molecular magnets [J]. Phys. Rev. Lett., 2008, 101: 217201.

[16] Contreras-Pulido L D, Aguado R. Shot noise spectrum of artificial single-molecule magnets: Measuring spin relaxation times via the Dicke effect [J]. Phys. Rev. B, 2010, 81: 161309.

[17] Mentink J H, Hellsvik J, Afanasiev D V, et al. Ultrafast spin dynamics in multisublattice magnets [J]. Phys. Rev. Lett., 2012, 108: 057202.

[18] Zheng J, Chi F, Guo Y. Large spin figure of merit in a double quantum dot coupled to noncollinear ferromagnetic electrodes [J]. J. Phys.: Condens. Matter., 2012, 24: 265301.

[19] Murphy P, Mukerjee S, Moore J. Optimal thermoelectric figure of merit of a molecular junction [J]. Phys. Rev. B, 2008, 78: 161406.

[20] Yan Y, Zhao H. Phonon interference and its effect on thermal conductance in ring-type structures [J]. J. Appl. Phys., 2012, 111: 113531.

[21] Meir Y, Wingreen N S, Lee P A. Transport through a strongly interacting electron system: Theory of periodic conductance oscillations [J]. Phys. Rev. Lett., 1991, 66: 3048.

[22] Qin L, Lu H F, Guo Y. Enhanced spin injection efficiency in a four-terminal quantum dots system [J]. Appl. Phys. Lett., 2010, 96: 072109.

[23] Sun Q F, Wang J, Guo H. Quantum transport theory for nanostructures with Rashba spin orbital interaction [J]. Phys. Rev. B, 2005, 71: 165310.

[24] Lu H F, Guo Y. Pumped pure spin current and shot noise spectra in a two-level Rashba dot [J]. Appl. Phys. Lett., 2008, 92: 062109.

[25] Sun Q F, Xie X C. Bias-controllable intrinsic spin polarization in a quantum dot: Proposed scheme based on spin-orbit interaction [J]. Phys. Rev. B, 2006, 73: 235301.

5 热偏压作用下单能级量子点的制冷效应

近些年，纳米结构中的热量流动逐渐成为发展迅速的研究课题[1~4]。热量流动引起研究人员越来越多的关注，这不仅仅是为了更好地理解载流子的量子特性，还因为随着器件体积逐渐减小而遇到的现实问题。如今，在几立方厘米大小的芯片上可集成几百万个晶体管。芯片产生的热量可以大到破坏芯片工作的稳定性，因此亟需了解热量的产生原因以及输运特性。从微观的角度讲，固态器件中的热量主要是由非弹性的电子-电子以及电子-声子散射产生[5,6]。热量通过与电子库和声子库连接的端口与环境交互能量。理论上预测在与电子库耦合的一维介电量子井中会出现声子携带的量子化能量输运[7,8]，这个现象在随后的实验中得以证实[9]。

Sun 等人研究了电流流经单量子点结构时的热生成问题[10]。研究发现把量子点的能级调至电压窗口区域（共振隧穿区域）时，从量子点流入声子库的热流非常小，但是此时电流却很大，这是一个理想的器件工作条件[11]。在他们的工作中，如果忽略量子点与声子库间隧穿耦合与能量的关系（即通常使用的宽带近似）[10,11]，热量很难从声子库流入量子点。从应用的角度讲，器件如果可以从附近的声子库吸收热量，便可以作为制冷机降低周围材料的温度。在最近的一项工作中，Chamon 等人提出了从一个热库向另一个热库泵热的制冷机[12]。他们提出的器件需要通过位移场调节声子在热库间输运的速度。

到目前为止，电子或声子在制冷器件中的运动主要是由电偏压或泵浦场驱动[13,14]。另外，载流子同样可以受热偏压驱动，特别是对于热电器件。纳米结构中的热电效应由于在理论和实验工作上的一些突破进展，重新引起了科技工作者们的兴趣[1~4]。许多有趣的应用被提出，例如热-电压转换器、纳米局域制冷机以及热整流器等[1,2,15]。受到这些工作的启发，本章提出一种基于热偏压把热量从局域声子库提取到量子点的量子点制冷机。如图 5-1 所示，单能级的量子点与左右电子库连接，左右电极的温度分别为 $T_L = T_e + \Delta T/2$、$T_R = T_e - \Delta T/2$，其中 T_e 为系统的平衡温度；ΔT 为左右电极间的温度差。当低温电极中的电子隧穿通过量子点，电子将吸收声子，是热量从声子库流向量子点，此时单量子点系统可以看成制冷机。需要强调的是，如果电子由传统的电偏压驱动隧穿经过量子点，热的流动方向则与本书提出的机构相反，通常由量子点流入声子库。

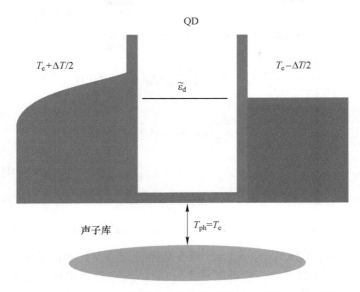

图 5-1 与电子和声子库耦合的单能级量子点系统结构示意图

5.1 理论模型与计算方法

单量子点系统的二次量子化哈密顿量可以写成以下形式[10]：

$$H = \sum_{k\beta} \varepsilon_{k\beta} c_{k\beta}^+ c_{k\beta} + \omega_q a_q^+ a_q + [\varepsilon_d + \lambda_q(a_q^+ + a_q)]d^+ d + \sum_{k\beta}(V_{\beta d} c_{k\beta}^+ d + \text{H. c.}) \tag{5-1}$$

式中，$c_{k\beta}^+(c_{k\beta})$，$d^+(d)$ 分别为电极中和量子点中电子的产生（湮灭）算符；a_q^+（a_q）为振动频率为 ω_q 的声子的产生（湮灭）算符；λ_q 为电子-声子耦合强度。为了简化计算过程，对哈密顿量做幺正变化消除哈密顿量中的电子-声子耦合项，即 $\widetilde{H} = UHU^+$ ($U = \exp[\lambda_q/\omega_q(a_q^+ - a_q)d^+d])$ [16~18]。变换后的哈密顿量可表示成：

$$\widetilde{H} = \sum_{k\beta} \varepsilon_{k\beta} c_{k\beta}^+ c_{k\beta} + \omega_q a_q^+ a_q + \widetilde{\varepsilon}_d d^+ d + \sum_{k\beta}(\widetilde{V}_{\beta d} c_{k\beta}^+ d + \text{H. c.}) \tag{5-2}$$

式中，变换后的量子点能级为 $\widetilde{\varepsilon}_d = \varepsilon_d - \lambda^2/\omega_q$，$\widetilde{V}_{\beta d} = V_{\beta d} X$；声子算符 $X = \exp[-\lambda/\omega_q(a_q^+ - a_q)]$，计算中用期望值 $<X> = \exp[-(\lambda/\omega_q)^2(N_q + 1/2)]$ 代替算符 X，声子分布函数 $N_q = 1/[\exp(\omega_q/k_B T_{ph}) - 1]$，$T_{ph}$ 是声子库的温度。需要注意的是幺正变化并没有改变算符 $a_q^+ - a_q$ 和 $d^+ d$，因此电子和声子间的能

量流动 $Q_t = \omega_q <da_q^+(t)a_q(t)/dt>$ 可以利用变换后的哈密顿量求出。由于没有时间相关的场存在，Q_t 的傅里叶变化可以表示成 $Q = Q_1 + Q_2$ [10, 11]，其中

$$Q_1 = \frac{w\omega_q\lambda^2\widetilde{\Gamma}}{\widetilde{\Gamma}_L^2\widetilde{\Gamma}_R^2}\int\frac{d\omega}{2\pi}(N_e - N_q)\sum_\beta\widetilde{\Gamma}_\beta^2[f_\beta(\overline{\omega}) - f_\beta(\omega)]T(\omega)T(\overline{\omega}) \quad (5\text{-}3)$$

$$Q_2 = \frac{\omega_q\lambda^2}{\widetilde{\Gamma}_L^2\widetilde{\Gamma}_R^2}\int\frac{d\omega}{2\pi}f_{LR}(\omega)f_{LR}(\overline{\omega})T(\omega)T(\overline{\omega}) \quad (5\text{-}4)$$

式中，$\overline{\omega} = \omega - \omega_q$；$N_q = 1/[\exp(\omega_q/k_BT_e) - 1]$；$f_{LR}(\omega)$、$f_{LR}(\overline{\omega})$ 分别为 $f_L(\omega) - f_R(\omega)$ 和 $f_L(\overline{\omega}) - f_R(\overline{\omega})$ 的简写，费米分布函数 $f_{L(R)}(\omega) = 1/[\exp(\omega - \mu_{L(R)} \pm e\Delta V)/k_BT_\beta + 1]$，$\Delta V$ 为零电流条件下热偏压所引起的电偏压；总的线宽函数 $\widetilde{\Gamma} = (\widetilde{\Gamma}_L + \widetilde{\Gamma}_R)/2$；$\widetilde{\Gamma}_\beta = 2\pi|\widetilde{V}_{\beta d}|^2\rho_\beta$，$\rho_\beta$ 为在宽带近似下得到的能量无关的局域态密度；$T(\omega)$ 为电子隧穿函数，它可以从式（5-2）出发利用格林函数方法求解。在无相互作用的情况，可以简单地把透射函数写成 $T(\omega) = \widetilde{\Gamma}_L\widetilde{\Gamma}_R\text{Im}\widetilde{G}_d^r/\widetilde{\Gamma}$，推迟格林函数 $\widetilde{G}_d^r = 1/(\omega - \widetilde{\varepsilon}_d + i\widetilde{\Gamma})$ [10, 11, 19]。量子点能级、线宽函数、化学势 μ_β 或者热偏压 $\Delta T = T_L - T_R$ 取任意值时，式（5-3）中的 $T(\omega)T(\overline{\omega})$ 和 $\widetilde{\Gamma}_\beta^2[f_\beta(\overline{\omega}) - f_\beta(\omega)]$ 总是为正值。热流 Q_1 的符号只由 $N_e - N_q$ 或者说只由量子点与声子库间的温度差 $T_e - T_{ph}$ 决定。为了找出负热产生的根源，在下面的计算中令 $T_e = T_{ph}$，从而 $Q_1 = 0$。

5.2 结果讨论

5.2.1 电声子耦合作用下的热流和电流

接下来以 Ge/Si 量子点为例[20~22]，以它的典型参数数值计算 Q_2 值。声学声子频率为 $\omega_q = 5 \times 10^{13}$ rad/s，电子有效质量 $m^* = 0.26m_0$，其中 m_0 为自由电子质量，锗量子点的直径为 40nm。制冷效应同样可以在其他材料的量子点中出现，例如 GaAs 量子点[23, 24]。当 $\widetilde{\Gamma}_\beta$ 与电子的能量相关时，式（5-4）中的热流 Q_2 可以变成负值。然而如果电子只受电子偏置电压驱动，则 Q_2 的值总为正，这是因为在电偏压的作用下 $f_{LR}(\overline{\omega})$ 和 $f_{LR}(\omega)$ 总是具有相同的符号，式（5-4）中的被积函数总是正值。为了获得负热流，$f_{LR}(\overline{\omega})$ 和 $f_{LR}(\omega)$ 的符号必须相反，这个条件可以借助热偏压实现。

图 5-2 (a)、(c) 给出了热偏压 ΔT 取不同值时, 流经量子点的热流 Q_2 和电流 I 随量子点能级 $\tilde{\varepsilon}_d$ 的变化。在数值计算中, 令声子频率 $\omega_q = 1$ 为能量单位。令左右电极的化学势同时为零: $\mu_L = \mu_R = \mu = 0$, 即电偏压为零。从图 5-2 (a) 中可以看出, 在共振隧穿区域 $|\tilde{\varepsilon}_d| \leq \omega_q$ 热流 Q_2 的值为负数, 并且在 $\tilde{\varepsilon}_d = \mu = 0$ 时达到最值。当 $|\tilde{\varepsilon}_d| > \omega_q$ 时 Q_2 为正值, 热量由量子点流入声子库。图 5-2 (c) 中所示的电流在 $\tilde{\varepsilon}_d < 0$ 的区域小于零, $\tilde{\varepsilon}_d > 0$ 时电流的符号将发生改变。

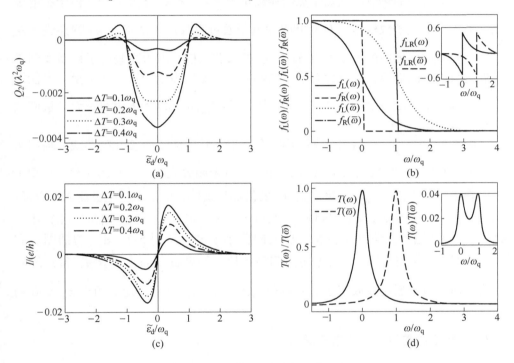

图 5-2 $T_e = 0.2\omega_q$, ΔT 取不同值时, 生成热量 (a) 和

电流 (c) 与量子点能级 $\tilde{\varepsilon}_d$ 的依赖关系以及费米函数 (b) 和

投射系数 (d) 随电子能量 ω 的变化

(线宽函数 $\tilde{\Gamma}_L = \tilde{\Gamma}_R = 0.2\omega_q$, 电子-声子耦合强度 $\lambda = 0.6\omega_q$,

(b) (d): $\tilde{\varepsilon}_d = 0$; $T_e = 0.2\omega_q$; $\Delta T = 0.4\omega_q$)

热流和电流的性质可以这样理解: 在每个电极中, 在热涨落的作用下电子被激发到 $k_B T_\beta$ 范围, 主要是这个区域的电子对输运过程有贡献。由于左右电极的温度不同, 左侧高温电极中化学势 μ 以上的电子数多于右侧低温电极化学势 μ 以

上的电子数，左侧高温电极中化学势 μ 以下的电子数少于右侧低温电极化学势 μ 以下的电子数。对于电流当 $\widetilde{\varepsilon}_d < 0$ 时电子从右电极流向左电极，而 $\widetilde{\varepsilon}_d > 0$ 时方向相反，如图 5-2（c）所示。

然而热流是由 $T(\omega)f_{LR}(\omega)$ 和 $T(\overline{\omega})f_{LR}(\overline{\omega})$ 的交叠决定的。这意味着热流只有当电子同时从 $\widetilde{\varepsilon}_d$ 和 $\widetilde{\varepsilon}_d + \omega_q$ 两条通道输运时才能产生。在量子点深能级区域 $\widetilde{\varepsilon}_d < \omega_q$，利用发射声子电子从右电极通过两条通道进入左电极，引起由量子点流入声子库的值为正的热流；当量子点的能级位于 $-\omega_q < \widetilde{\varepsilon}_d < 0$ 区间，由于右电极化学势以下的电子数较多，右电极中的电子通过吸收声子由能级 $\widetilde{\varepsilon}_d$ 隧穿进入左电极。同时左电极中的电子经由 $\widetilde{\varepsilon}_d + \omega_q$ 进入右电极。因为这些电子被激发到量子点能级以上的能级，所以此时电子的隧穿并不需要声子辅助；如果量子点能级 $\widetilde{\varepsilon}_d$ 与电极的化学势一致，$T(\omega)f_{LR}(\omega)$ 与 $T(\overline{\omega})f_{LR}(\overline{\omega})$ 的交叠达到最大，从而热流达到最大值。

图 5-2（b）、（d）给出了费米函数和透射系数随能量 ω 变化的曲线，插图给出了 $\widetilde{\varepsilon}_d = 0$，$T_e = 0.2\omega_q$，$\Delta T = 0.4\omega_q$ 条件下费米函数或透射系数的交叠。从图中可以看出 $\omega < 0$ 时，$f_{LR}(\omega)$ 和 $f_{LR}(\overline{\omega})$ 的值都为负数，电子从右电极流入左电极；当电子能量位于 $0 < \omega < \omega_q$ 区域，$f_{LR}(\omega) > 0$ 但是 $f_{LR}(\overline{\omega}) < 0$（图 5-2（b）中的插图），因此电子流动方向相反，热流的值小于零。从图 5-2（d）的插图可看出，此时 $T(\omega)$ 与 $T(\overline{\omega})$ 的交叠也达到最大值；如果 $\omega > \omega_q$，$f_{LR}(\omega)$ 和 $f_{LR}(\overline{\omega})$ 同为正值，电子通过释放声子从左电极流入右电极。以上讨论适用于 $\widetilde{\varepsilon}_d > 0$ 的情况。

5.3.2 热极温差对生成热量的影响

从式（5-4）可以看出为了获得较大的热流，需要费米函数和透射系数尽量交叠。图 5-3（a）给出了 T_e 取不同值时热流随 $\widetilde{\varepsilon}_d$ 的变化，温度差选为 $\Delta T = 2T_e$ 以便费米函数的交叠增加。热流的大小随着温度和热偏压的增加而单调递增，发生制冷效应的能量区域随之减小。适当的增大线宽函数可以增加 $T(\omega)$ 和 $T(\overline{\omega})$ 的交叠，从图 5-3（b）可以看出在一定程度上增大线宽函数，热流的大小也随之增加。对于 $T_e = 0.4\omega_q$，$\Delta T = 0.8\omega_q$，以 $\lambda^2 \omega_q$ 为单位的 Q_2 最大值约为 0.01。对于声子频率为 $\omega_q = 5 \times 10^{13}$ rad/s 的 Ge/Si 量子点，线宽函数 $\widetilde{\Gamma}_\beta = 0.2\omega_q$ 相当于大约 6meV。直径 $d = 40$nm、电声子耦合强度 $\lambda = 0.6\omega_q$ 的量子点在 $T = 120$K，$\Delta T = 120$K 时每平方厘米的热流 Q_2 值能达到 0.01nW/cm²。本书同样计算了 $T = $

300K，$\Delta T = 600$K 的情况，此时每平方厘米的 Q_2 能够达到大约 $0.015\text{nW}/\text{cm}^2$。尽管目前而言制冷效应有些弱，但需要强调的是制冷效应发生时电荷流为零。

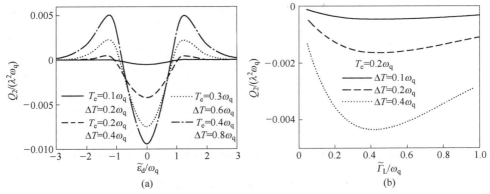

图 5-3　$\widetilde{\Gamma}_L = \widetilde{\Gamma}_R = 0.2\omega_q$，$\Delta T = 2T_e$ 时，生成热量与量子点能级 $\widetilde{\varepsilon}_d$ 的关系（a）和 $\widetilde{\Gamma}_R = 0.2\omega_q$，$T_e = 0.2\omega_q$，$\Delta T$ 取不同值时，生成热量随 $\widetilde{\Gamma}_L$ 的变化（b）

5.2.3　平衡温度对温差产生的电压和生成热量的影响

从前面的结论可以看出，负热流的最大值出现在 $\widetilde{\varepsilon}_d = 0$ 的情况，此时相同数量的电子沿相反方向运动，电流消失。这使得量子点制冷机能够在热电效应下工作。图 5-4 给出了温度差 ΔT 产生的电压 $e\Delta V$ 以及热流 Q_2。热偏压引起的电压 $e\Delta V$ 的行为与热功率非常相似[25]，因此可以由同样的原因解释。$\widetilde{\varepsilon}_d$ 在共振区域附近时能够出现负的热流，热流的值随着温度和热偏压的增加而增大。与图 5-2 中给出的电流为有限值的情况不同，负热流在更宽的量子点能量区域内出现，随着热偏压的增加，这个宽度将进一步加大。这是因为在电流为零的热电效应影响下，电子可以在更广的量子点能级范围内沿相反方向运动。

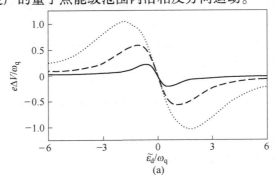

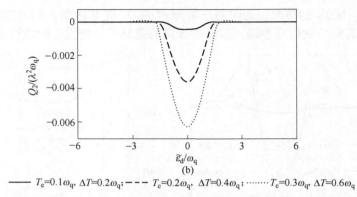

— $T_e=0.1\omega_q$, $\Delta T=0.2\omega_q$; - - - $T_e=0.2\omega_q$, $\Delta T=0.4\omega_q$; ······ $T_e=0.3\omega_q$, $\Delta T=0.6\omega_q$

图 5-4 平衡温度 T_e 取不同值时, $I = 0$ 条件下热偏压 ΔT 产生的电压 $e\Delta V$ (a) 和生成热量 Q_2 (b) 随量子点能级 $\widetilde{\varepsilon}_d$ 的变化

5.3 本章小结

本章讨论了热偏压作用下单能级量子点的制冷效应。发现在热偏压的驱动下,单能级量子点能够从局域声子库吸收热量,因此可被用作固态制冷机。量子点制冷设备的工作机制依赖于电子沿相反方向隧穿通过量子点能级以及声子辅助能级。上述情况只有当这两条通道的费米函数重叠时才能实现,而对于电偏压不会出现这种情况。量子点制冷机的制冷效应可以通过减小量子点大小、增大声子频率以及加强电声子耦合强度进一步提高。此外研究发现量子点制冷机同样可以应用于热电设备。

参 考 文 献

[1] Giazotto F, Heikkila T T, Luukanen A, et al. Opportunities for mesoscopics in thermometry and refrigeration: Physics and applications [J]. Rev. Mod. Phys., 2006, 78: 217.

[2] Dubi Y, Ventra M D. Colloquium: Heat flow and thermoelectricity in atomic and molecular junctions [J]. Rev. Mod. Phys., 2011, 83: 131.

[3] Balandin A, Wang K L. Significant decrease of the lattice thermal conductivity due to phonon confinement in a free-standing semiconductor quantum well [J]. Phys. Rev. B, 1998, 58: 1544.

[4] Zou J, Balandin A. Phonon heat conduction in a semiconductor nanowire [J]. J. Appl. Phys., 2001, 89: 2932.

[5] Balandin A. Nanophononics: Phonon engineering in nanostructures and nanodevices [J]. J. Nanosci. Nanotechno., 2005, 5: 1015.

[6] Balandin A. Thermal properties of graphene and nanostructured carbon materials [J]. Nat. Mater., 2011, 10: 569.
[7] Rego L G C, Kirczenow G. Quantized thermal conductance of dielectric quantum wires [J]. Phys. Rev. Lett., 1998, 81: 232.
[8] Blencowe M P. Quantum energy flow in mesoscopic dielectric structures [J]. Phys. Rev. B, 1999, 59: 4992.
[9] Schwab K, Henriksen E A, Worlock J M, et al. Measurement of the quantum of thermal conductance [J]. Nature (Londo), 2000, 404: 974.
[10] Sun Q F, Xie X C. Heat generation by electric current in mesoscopic devices [J]. Phys. Rev. B, 2007, 75: 155306.
[11] Liu J, Song J T, Sun Q F, et al. Electric-current-induced heat generation in a strongly interacting quantum dot in the Coulomb blockade regime [J]. Phys. Rev. B, 2009, 79: 161309.
[12] Chamon C, Mucciolo E R, Arrachea L, et al. Heat pumping in nanomechanical systems [J]. Phys. Rev. Lett., 2011, 106: 135504.
[13] Arrachea L, Moskalets M, Moreno L M. Heat production and energy balance in nanoscale engines driven by time-dependent fields [J]. Phys. Rev. B, 2007, 75, 245420.
[14] Rey M, Strass M, Kohler S, et al. Nonadiabatic electron heat pump [J]. Phys. Rev. B, 2007, 76: 085337.
[15] Liu Y S, Chen Y C. Single-molecule refrigerators: Substitution and gate effects [J]. Appl. Phys. Lett., 2011, 98: 213103.
[16] Mahan G D. Many-Particle Physics [M]. 3rd ed. New York: Plenum Press, 2000.
[17] Chen Z Z, Lü R, Zhu B F. Effects of electron-phonon interaction on nonequilibrium transport through a single-molecule transistor [J]. Phys. Rev. B, 2005, 71: 165324.
[18] Liu Y S, Chen H, Fan X H, et al. Inelastic transport through a single molecular dot in the presence of electron-electron interaction [J]. Phys. Rev. B, 2006, 73: 115310.
[19] Haug H, Jauho A P. Quantum Kinetics in Transport and Optics of Semiconductors [M]. Berlin: Springer-Verlag, 1998.
[20] Balandin A, Lazarenkova O L. Mechanism for thermoelectric figure-of-merit enhancement in regimented quantum dot superlattices [J]. Appl. Phys. Lett., 2003, 82: 415.
[21] Bao Y, Balandin A, Liu J L, et al. Experimental investigation of hall mobility in Ge/Si quantum dot superlattices [J]. Appl. Phys. Lett., 2004, 84: 3355.
[22] Shamsa M, Liu W L, Balandin A, et al. Phonon-hopping thermal conduction in quantum dot superlattices [J]. Appl. Phys. Lett., 2005, 87: 202105.
[23] Wang Z M. Self-Assembled Quantum Dots [M]. New York: Springer, 2008.
[24] Wang Z M, Holmes K, Mazur Y I, et al. Self-organization of quantum-dot pairs by high-temperature droplet epitaxy [J]. Nanoscal Res. Lett., 2006, 1: 57.
[25] Liu J, Sun Q F, Xie X C. Enhancement of the thermoelectric figure of merit in a quantum dot due to the Coulomb blockade effect [J]. Phys. Rev. B, 2010. 81: 245323.

6 太赫兹辐照下 InAs 量子点的自旋热电效应

当体系处于外电磁波的辐照下，体系的哈密顿量是时间的函数，系统处于非稳态，此时系统的输运属于瞬态输运。其主要特性是在外场辐照下电子可以吸收或发射光子，打开一些新的隧穿通道，这个过程称为光辅助隧穿（PAT）。其典型特征是对称辐射下的旁带效应[1,2]，即当调控的量子点能级与两端费米面能级相差 n 个光子能量时，电子可以吸收或发射光子向两端跃迁，导致了原来的主共振隧穿峰两旁出现新的旁带峰；非对称辐射下的光子泵效应[2]，即假设只在左端到线上辐照外场，电子只能吸收光子跃迁到左端电极，而不能到达右端电极，这就导致了从右向左的净电流，即在共振隧穿峰一侧出现负电流。在高频外场辐照下，多能级并存相互作用的量子点中光辅助隧穿可以观测到激发态共振[3]。这种低维系统与时变外场间的强相互作用导致了全新的电子输运方式，即新的多体输运现象的出现。前期的工作更多的集中在吉赫兹（GHz）范围内[4~6]。

2008 年，Huber 研究组报道太赫兹辐照可以实现对载流子轨道的相干量子以及半导体纳米结构中的自旋操控，从而产生许多新的现象，比如拉比振荡，光子回声和载流子相干控制等[7]，这些都为自旋电子学器件的设计提供了理论基础。至此，具有工业重要性的太赫兹区域引起了人们广泛的科学兴趣。2012 年，Shibata 等人在碳纳米管和自组装 InAs 量子点[8]中利用太赫兹光辅助隧穿实现了一种太赫兹探测器，表明不管是电荷还是轨道量子化能量都处于 0~40meV，正好对应于太赫兹区域（2.5~10THz）。InAs 半导体量子点作为一种具有直接带隙的材料，以其高的电子迁移率和窄的能带隙而闻名。此外，越来越多的研究工作揭示了时间依赖下电子的非平衡热电输运。Crépieux 等人在金属-量子点-金属结构中获得了一个增强型热电势，且热电势的最优值可以通过量子点的能量和栅极电压调控[9]。Dubi 以及 Chen 等人都研究了外微波场辐照下单能级量子点系统的热电优值[10,11]，表明热电输运对外场的强度和频率都存在一定的依赖性。微型结构中热能的再利用随着半导体器件的小型化以及集成度的提高成为高密度电子器件的主要问题之一。通过改变量子结构来改变系统的热电转换效率耗时且低效，而外场调控可通过调节环境变量而不改变结构本身参数来达到更高效的结果。特别是太赫兹光与半导体纳米器件中电子间存在更加显著的相互作用。

本章节从理论上研究在太赫兹场和外部磁场同时存在的情况下，耦合到正常金属电极的 InAs 单量子点的自旋热电输运性质。相较于微波场，太赫兹频段下的光辅助隧穿效应对半导体量子点体系的热流和自旋相关的热电参数调控作用更加明显。

6.1 理论模型与方法

在单能级量子点系统中，如图 6-1 所示，磁场施加在量子点上，由于塞曼效应导致了自旋劈裂 $\varepsilon_\uparrow$ 和 $\varepsilon_\downarrow$，且考虑了点内库仑相互作用 U。

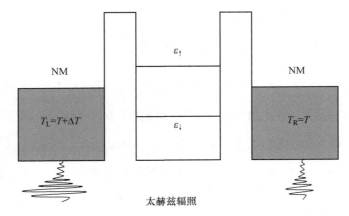

图 6-1　单能级 InAs 量子点系统示意图
（太赫兹辐照在两端电极，外加磁场仅施加在量子点区域；
$\varepsilon_\uparrow$、$\varepsilon_\downarrow$ 为外磁场下量子点的能级，设定左端电极为高温端 $T_L = T + \Delta T$，
右端电极为低温端 $T_R = T$）

太赫兹辐照在具有不同温度的两端电极。系统的哈密顿量由三部分组成：

$$H(t) = H_{\text{leads}}(t) + H_d + H_t \tag{6-1}$$

式（6-1）中的第一项 $H_{\text{leads}}(t)$ 为两端电极的哈密顿量：

$$H_{\text{leads}}(t) = \sum_{\alpha k \sigma} \varepsilon_{\alpha k \sigma}(t) c_{\alpha k \sigma}^+ c_{\alpha k \sigma} \quad (\alpha = L, R) \tag{6-2}$$

式中，$c_{\alpha k \sigma}^+$（$c_{\alpha k \sigma}$）为 α 端电极中动量为 k、自旋为 σ、能量为 $\varepsilon_{\alpha k \sigma}(t) = \varepsilon_{\alpha k \sigma} + W_\alpha(t)$ 的电子产生（湮灭）算符；$W_\alpha(t)$ 为太赫兹辐照，其体现在哈密顿量中是一个周期性势场 $W_\alpha(t) = W_\alpha \cos \omega_\alpha t$ [12,13]，W_α 和 ω_α 分别为太赫兹场的强度和频率。式（6-1）中的第二项 H_d 为 InAs 量子点的哈密顿量，这里考虑了量子点内的库仑相互作用 U：

$$H_d = \sum_\sigma \varepsilon_\sigma d_\sigma^+ d_\sigma + U n_\uparrow n_\downarrow \tag{6-3}$$

式中，d_σ^+（d_σ）为量子点中自旋为 σ、能量为 $\varepsilon_\sigma = \varepsilon_d + \sigma\mu_g B$ 的电子的产生（湮灭）算符。

式（6-1）中的第三项 H_t 为量子点和两端电极的耦合项：

$$H_t = \sum_{\alpha k \sigma} t_{\alpha k \sigma} c_{\alpha k \sigma}^+ d_\sigma + \text{H.c.} \tag{6-4}$$

式中，$t_{\alpha k \sigma}$ 为量子点和两端电极的耦合强度。

本书运用 Keldysh 非平衡态格林函数方法[14]，可以从左端总电子数算符（$n_L = \sum_k c_{L,k}^+ c_{L,k}$）的时间变化率中求得从左端流入到中心散射区域的自旋相关的电流 $I_{L\sigma}(t)$ 和热流 $J_{L\sigma}^Q(t)$：

$$\begin{cases} I_{L\sigma}(t) = -e <n_{L\sigma}> = \dfrac{2e}{h} \text{Re}[t_{L\sigma} G_{L\sigma}^<(t, t)] \\ J_{L\sigma}^Q(t) = (\varepsilon - \mu_L) <n_{L\sigma}> = -\dfrac{2}{h}(\varepsilon - \mu_L) \text{Re}[t_{L\sigma} G_{L\sigma}^<(t, t)] \end{cases} \tag{6-5}$$

式中，小于格林函数 $G_\sigma^<(t, t) = i <c_{L,k}^+(t) d_\sigma(t)>$。根据 Dyson 可以得到：

$$G_{L\sigma}^<(t, t) = \int dt_1 t_{L\sigma}^* [G_{dd\sigma}^r(t, t_1) g_{kL}^<(t_1, t) + G_{dd\sigma}^<(t, t_1) g_{kL}^r(t_1, t)] \tag{6-6}$$

式中，$g_{kL}^< = if_L(\varepsilon - \mu_L)$、$g_{kL}^r = -i\theta(t - t_1)$ 分别为左电极电子的小于、推迟格林函数。把式（6-6）代入式（6-5）可得：

$$\begin{pmatrix} I_{L\sigma}(t) \\ J_{L\sigma}^Q(t) \end{pmatrix} = \dfrac{2}{h} \int_{-\infty}^t dt_1 \int \dfrac{d\varepsilon}{2\pi} \begin{pmatrix} -e \\ \varepsilon - \mu_L \end{pmatrix} \Gamma_{L\sigma} [G_{dd\sigma}^<(t, t_1) + f_L(\varepsilon) G_{dd\sigma}^r(t, t_1)] \tag{6-7}$$

利用 Keldysh 方程 $G_{dd\sigma}^<(t, t) = \int dt_1 dt_2 G_{dd\sigma}^r(t, t_1) \Sigma_{dd\sigma}^<(t_1, t_2) G_{dd\sigma}^a(t_2, t')$，自能 $\Sigma_{dd\sigma}^<(t_1, t_2) = i\int \dfrac{d\varepsilon}{2\pi} e^{-i\varepsilon(t_1 - t_2)} \sum_{\alpha = L, R} f_\alpha(\varepsilon - \mu_\alpha) \Gamma_{L\alpha}$。在宽带近似下，线性展宽函数 $\Gamma_{L\sigma} = 2\pi \sum_{\alpha = L, R} t_{\alpha\sigma} t_{\alpha\sigma}^* \delta(\varepsilon - \varepsilon_{\alpha, k})$ 与能量无关。因此，左端电极的自旋相关的电流和热流可以简写为

$$\begin{pmatrix} I_{L\sigma}(t) \\ J_{L\sigma}^Q(t) \end{pmatrix} = \dfrac{2}{h} \Gamma_{L\sigma} \int \dfrac{d\varepsilon}{2\pi} \begin{pmatrix} -e \\ \varepsilon - \mu_L \end{pmatrix} \left[\sum_{\alpha = L, R} f_\alpha(\varepsilon) |A_{\alpha\sigma}(\varepsilon, t)|^2 - 2f_L(\varepsilon) \text{Im}[A_{L\sigma}(\varepsilon, t)] \right] \tag{6-8}$$

式中，$f_\alpha(\varepsilon) = 1/[\exp(\varepsilon - \mu_\alpha)/k_B T_\beta + 1]$ 为电极的费米分布函数；$A_{\alpha\sigma}(\varepsilon, t) = \int_{-\infty}^t dt_1 G_{dd\sigma}^r(t, t_1) e^{-i\varepsilon(t_1 - t)}$ 为谱函数。

以上结果不涉及对量子点内的电子升降算符的运算，可推广到两端口与任一

体系中心区域耦合的情形。由电流守恒,平均电流满足 $< I_{L\sigma}(t) > = - < I_{R\sigma}(t) >$,总的自旋相关的电流 $I_\sigma = < I_{L\sigma}(t) > - < I_{R\sigma}(t) >$。在此定义一个参量 x,使电流 I_σ 或热流 J_σ^Q 不包含小于格林函数,且满足关系式:

$$I_\sigma = x < I_{L\sigma}(t) > - (1-x) < I_{R\sigma}(t) > \tag{6-9}$$

则容易得到:

$$x = \frac{\Gamma_{R\sigma}}{\Gamma_{L\sigma} + \Gamma_{R\sigma}} \tag{6-10}$$

将式(6-8)和式(6-9)代入式(6-7),可得到平均电流和热流的表达式:

$$\begin{pmatrix} I_{L\sigma}(t) \\ J_{L\sigma}^Q(t) \end{pmatrix} = \frac{2}{h} \frac{\Gamma_{L\sigma}\Gamma_{R\sigma}}{\Gamma_{L\sigma}+\Gamma_{R\sigma}} \int \frac{d\varepsilon}{2\pi} \begin{pmatrix} -e \\ \varepsilon-\mu_L \end{pmatrix} [f_L(\varepsilon)\mathrm{Im}[< A_i^L(\varepsilon,t) >] -$$
$$f_R(\varepsilon)\mathrm{Im}[< A_i^R(\varepsilon,t) >]] \tag{6-11}$$

接下来的主要任务是计算式(6-11)中的谱函数。需要注意的是谱函数与由动力学方程决定的推迟格林函数相关。因此在这里利用了较高阶的近似来探索太赫兹光辅助隧穿问题,得到:

$$G_{dd\sigma}^r(t,t') = (1-n_{\overline{\sigma}})g_{\varepsilon_\sigma}^r(t,t')e^{-\frac{\Gamma_\sigma}{2}(1-n_{\overline{\sigma}})(t-t')} + n_{\overline{\sigma}}g_{\varepsilon_\sigma+U}^r(t,t')e^{-\frac{\Gamma_\sigma}{2}n_{\overline{\sigma}}(t-t')}$$
$$\tag{6-12}$$

把式(6-12)代入谱函数的定义式,可求出谱函数 $A_{\alpha\sigma}(\varepsilon,t)$ 为

$$A_{\alpha\sigma}(\varepsilon,t)$$
$$= \sum_{n,m} J_n\left(\frac{W_d-W_\alpha}{\omega}\right) J_m\left(\frac{W_\alpha-W_d}{\omega}\right) e^{i(n+m)\omega t} \frac{1-n_{\overline{\sigma}}}{\varepsilon-\varepsilon_d-n\omega+i\frac{\Gamma_\sigma(1-n_{\overline{\sigma}})}{2}} +$$
$$\sum_{n,m} J_n\left(\frac{W_d-W_\alpha}{\omega}\right) J_m\left(\frac{W_\alpha-W_d}{\omega}\right) e^{i(n+m)\omega t} \frac{n_{\overline{\sigma}}}{\varepsilon-\varepsilon_d-U-n\omega+i\frac{\Gamma_\sigma n_{\overline{\sigma}}}{2}}$$
$$\tag{6-13}$$

式中,J_n 为第 n 阶贝塞尔函数;n_σ($n_{\overline{\sigma}}$)为自洽计算所得的每个能级的平均电子占据数:

$$n_\sigma = < d_\sigma^+ d_\sigma > = \int \frac{d\varepsilon}{2\pi} \sum_\alpha f_\alpha(\varepsilon)\Gamma_{\alpha\sigma} < |A_{\alpha\sigma}(\varepsilon,t)|^2 > \tag{6-14}$$

值得注意的是,在两能级微波场量子点中,库仑相互作用远远大于能级差,通常情况下被认为是无穷大的。因此,在式(6-13)中谱函数的第二项可以被忽略,只有第一项对平均电流有贡献。然而在 InAs 量子点中,因为点内库仑相互作用与能级差具有一定的可比性,来自第二项的库仑阻塞振荡与相关的光辅助隧穿与第一项具有同等的重要性,可能会展现新的特性。据作者所知,InAs 量子点

中有限的相关效应在理论上尚未被探索研究。为简单起见，在这里假设 $\Gamma_{L\sigma} = \Gamma_{R\sigma}$，并定义 $\Gamma = \Gamma_{L\sigma} + \Gamma_{R\sigma}$。通过自洽求解式（6-13）与式（6-14）可得到平均电流和热流。

运用非平衡态格林函数方法，系统的平均电流和热流可以表示为

$$\begin{pmatrix} <I> \\ J_Q \end{pmatrix} = \sum_{\sigma,n,m} \frac{2}{h} \int \frac{d\varepsilon}{2\pi} \begin{pmatrix} -e \\ \varepsilon - \mu_L \end{pmatrix} \left[J_n^2\left(\frac{W_L}{\omega_L}\right) f_L(\varepsilon) - J_n^2\left(\frac{W_R}{\omega_R}\right) f_R(\varepsilon) \right] T_\sigma(\varepsilon) \tag{6-15}$$

在接下来的数值计算中，设定 $\hbar = 1$。推导过程中采用了高阶近似得到透射系数 $T_\sigma(\varepsilon)$：

$$T_\sigma(\varepsilon) = \sum_n \frac{\Gamma_{L\sigma}\Gamma_{R\sigma}}{\Gamma_{L\sigma} + \Gamma_{R\sigma}} \left[\frac{(1-n_{\bar{\sigma}})^2}{(\varepsilon - \varepsilon_\sigma - n\omega)^2 + \left[\frac{\Gamma_\sigma(1-n_{\bar{\sigma}})}{2}\right]^2} + \frac{n_{\bar{\sigma}}^2}{(\varepsilon - \varepsilon_\sigma - U - n\omega)^2 + \left(\frac{\Gamma_\sigma n_{\bar{\sigma}}}{2}\right)^2} \right] \tag{6-16}$$

其中自洽计算所得的每个能级的平均电子占据数 n_σ（$n_{\bar{\sigma}}$）为

$$n_\sigma = <d_\sigma^+ d_\sigma> = \int \frac{d\varepsilon}{2\pi} \sum_\alpha f_\alpha(\varepsilon) \Gamma_{\alpha\sigma} \sum_n J_n^2\left(\frac{W_\alpha}{\omega_\alpha}\right) \times \left| \frac{1-n_{\bar{\sigma}}}{\varepsilon - \varepsilon_\sigma - n\omega + i\frac{\Gamma_\sigma(1-n_{\bar{\sigma}})}{2}} + \frac{n_{\bar{\sigma}}}{\varepsilon - \varepsilon_\sigma - U - n\omega + i\frac{\Gamma_\sigma n_{\bar{\sigma}}}{2}} \right|^2 \tag{6-17}$$

在线性响应区域，系统的电流和热流可用以下简洁形式：

$$\begin{pmatrix} I_\sigma \\ J_\sigma^Q \end{pmatrix} = \sum_{\sigma,n,m} \frac{2}{h} \int \frac{d\varepsilon}{2\pi} \begin{pmatrix} -e \\ \varepsilon - \mu_L \end{pmatrix} \left[J_n^2\left(\frac{W_d - W_L}{\omega_L}\right) f_L(\varepsilon) - J_n^2\left(\frac{W_R - W_d}{\omega_R}\right) f_R(\varepsilon) \right] T_\sigma(\varepsilon) \tag{6-18}$$

考虑在系统的两个端口施加无限小的偏压 ΔV 和温度梯度 ΔT，当两端电极的温差 ΔT 很小时可将费米函数围绕费米能 E_F 和温度 T 线性展开，电流和热流表达式展开至线性项：

$$\begin{pmatrix} I_\sigma \\ J_{L\sigma}^Q \end{pmatrix} = \begin{pmatrix} \dfrac{2e^2}{h} I_{0\sigma} & \dfrac{2e}{hT} I_{1\sigma} \\ -\dfrac{2}{h} I_{1\sigma} & -\dfrac{2}{hT} I_{2\sigma} \end{pmatrix} \begin{pmatrix} e\Delta V \\ \Delta T \end{pmatrix} \tag{6-19}$$

式中，$I_{n\sigma} = \int d\varepsilon T_\sigma(\varepsilon)(\varepsilon - \mu_0)^n \left(\dfrac{\partial f}{\partial \varepsilon}\right)$；$\mu_0$ 为系统端口在平衡态时的费米能。在线

性响应区域,自旋相关的线性电导 G_σ、Seebeck 系数 S_σ 以及自旋为 σ 的电子对热导率的贡献 $\kappa_{el\sigma}$ 可表示为

$$\begin{cases} G_\sigma = e^2 I_{0\sigma}(\mu_0, T) \\ S_\sigma = -I_{1\sigma}(T)/[eTI_{0\sigma}(\mu_0, T)] \\ \kappa_{el\sigma} = 1/T[I_{2\sigma}(\mu_0, T) - I_{1\sigma}^2(\mu_0, T)/I_{0\sigma}(\mu_0, T)] \end{cases} \quad (6-20)$$

在此定性地讨论声子对热电优值的影响,前期工作表明,电子声子相互作用对量子点能级的位置和端口与量子点之间的耦合强度有影响,从定义上看,电子声子相互作用对热电优值的数值有负贡献。由于两端电极的声子与量子点的声子模式的态密度不匹配[15,16],导致强声子散射,真正的声子热导率可能要小得多,预计提高的热电效率将保持不变。在这种相互作用下,定性上是正确的,使量子点能级的位置发生改变,数值削弱。因此,这里在计算热导率时,只考虑电子的贡献,忽略声子效应。

利用高阶近似方法对磁场和太赫兹辐照下 InAs 量子点的自旋极化率的研究[16]发现:当太赫兹辐光子能量 $\hbar\omega$ 小于塞曼效应导致的自旋电子能级差 $\Delta\varepsilon = \varepsilon_\uparrow - \varepsilon_\downarrow$,量子点系统在光辅助隧穿效应的作用下可以获得更大门电压范围内的 100% 自旋极化率平台,而在低磁场下,自旋极化率表现出振荡特性。这里考虑线性响应区域的自旋热电输运。线性响应区的热电优值和相关参数表达为[17,18] $Z_{c/s}T = \dfrac{|S_{c/s}^2 G_{c/s}|T}{\kappa_{el}}$。其中电导(自旋电导)$G_{c/s} = G_\uparrow \pm G_\downarrow$,Seebeck 系数(自旋 Seebeck 系数)$S_{c/s} = (S_\uparrow \pm S_\downarrow)/2$,电子热导率 $\kappa_{el} = \sum_\sigma \kappa_{el\sigma}$。

6.2 结果讨论

6.2.1 不同强度光场作用下的自旋相关热电参数

在理论计算中,选定太赫兹光子能量 $hf_{THz} = \hbar\omega = 10.3\text{meV}$,能量以 $\omega = 1$ ($e = \hbar = 1$) 为单位。图 6-2 显示了自旋电导 G_s,自旋热电势 S_s,热导率 κ 以及自旋热电优值 Z_sT 在两端电极辐照不同强度太赫兹光条件下随栅极电压的变化规律。没有太赫兹光辐照时,图 6-2(a)中的自旋电导只有两个主峰,分别对应于 $\varepsilon_\downarrow$ 和 $\varepsilon_\uparrow + U$ 的能级;当太赫兹光对称地辐照在两端电极时,自旋电导在 $\varepsilon_\downarrow \pm \hbar\omega$ 和 $\varepsilon_\uparrow + U \pm \hbar\omega$ 出现光辅助隧穿峰;随着太赫兹辐照强度的增加,库仑主峰减小,旁带峰峰值增大。

图 6-2(c)中的线性热导在没有太赫兹光照射的情况下,与自旋电导相同能级处显示了两个光滑的峰值。然而在高太赫兹强度时,每一个平滑的峰分裂成两

个尖锐的峰。原因是线型热导取决于每个电子的传输概率和热转移。当存在太赫兹辐射,库仑主峰的传输概率转移到旁带峰,故 $\varepsilon_\downarrow$ 和 $\varepsilon_\uparrow + U$ 能级处的线性热导的数值降低。此外,由于太赫兹光场的存在,传输热量的电子数量有所增加,所以分裂峰的强度略有增加。

另外,图 6-2(b)中的自旋热电动势 S_s 在能级 $\varepsilon_\downarrow$ 和 $\varepsilon_\uparrow + U$ 附近出现负值,而在 $\varepsilon_\downarrow$ 和 $\varepsilon_\uparrow + U$ 之间呈现出平台。这是因为在定义中与自旋有关的符号发生了改变,$S_s = 1/2[S_\uparrow - S_\downarrow]$,$S_c = 1/2[S_\uparrow + S_\downarrow]$。特别是当量子点能级 $\varepsilon_\downarrow$ 位于费

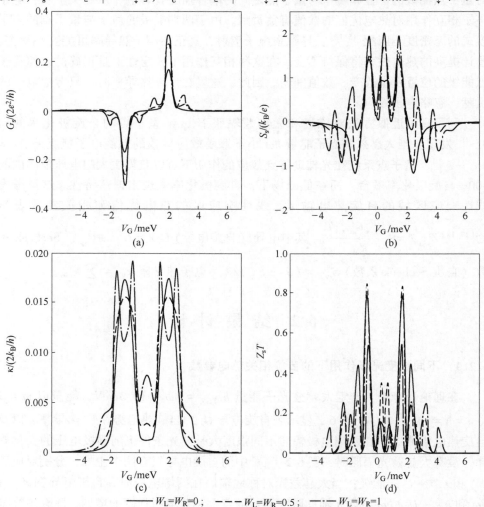

图 6-2 自旋电导 G_s(a)、自旋热电势 S_s(b)、热导率 κ(c) 和自旋热电优值 Z_sT(d) 在两端电极辐照不同强度太赫兹光时随栅极电压的变化规律

(磁场强度 $\mu_g B = 1.0$, 库仑相互作用 $U = 1.0$, 太赫兹光频率 $\omega_L = \omega_R = 1.0$, $k_B T = 0.1$, $\Gamma_\uparrow = \Gamma_\downarrow = 0.05$)

米面化学势 μ 之下，而 $\varepsilon_\uparrow + U$ 在其上方时，能级 $\varepsilon_\downarrow$ 附近出现负值，而能级 $\varepsilon_\uparrow + U$ 附近出现正值，两个输运通道的协同效应导致了自旋热电动势的平台效应。当在两条引线上施加对称太赫兹辐照时，平台在对称点处演化为尖峰，由于旁边带效应，此区间的自旋热电动势的数值成倍数增加。随着太赫兹辐照强度的增加，自旋热电动势随着栅极电压的变化产生的零点明显增多，自旋热电动势的峰值越大，但会受到温度的抑制。图 6-2（d）中的自旋热电优值 $Z_s T$ 是上述参数的综合表达。

考虑到自旋热电势 S_s 的微小差异，对比于微波场在对称点附近有两个小峰。在弱太赫兹光辐照下，出现了旁带峰，库仑主峰变化不大。随着太赫兹强度的增大，库仑阻塞效应抑制了热效应，$Z_s T$ 显著减小，这是光辅助自旋电导 G_s 以及劈裂的热导 κ 的协同效果导致的。

6.2.2 非对称太赫兹光作用下的热流

接着探讨了太赫兹辐照下，热电流随着栅极电压 V_G 的变化趋势，设定两端电极的温度分别为 $k_B T_R = 0.1$、$k_B T_L = 0.1$，磁场强度 $\mu_g B = 1.0$，库仑相互作用 $U = 1.0$，以及线性展宽 $\Gamma_\uparrow = \Gamma_\downarrow = 0.05$。首先考虑对称太赫兹辐照的情况，即 $W_L = W_R$，设定太赫兹辐照频率 $\omega_L = \omega_R = 1.0$，如图 6-3（a）所示。当没有太赫兹辐照 $W_L = W_R = 0$ 时，由于库仑阻塞效应热流在 $\varepsilon_\downarrow$ 和 $\varepsilon_\uparrow + U$ 能级附近有响应，表明热流从高温端流向了低温端。与电流在 $\varepsilon_\downarrow$ 和 $\varepsilon_\uparrow + U$ 处为最大值不同，热流的共振峰被两个能级处的低谷劈裂。

如图 6-3（a）所示，以能级 $\varepsilon_\downarrow$ 处为例子解释热流中的低谷：当能级 $\varepsilon_\downarrow$ 位于费米面能级之上时（虚线所示），由于两端电极直接的温差，更多左端电极的高能电子隧穿到右端，导致了正的热流；当能级 $\varepsilon_\downarrow$ 与两端的化学势匹配时（实线所示），在没有电压偏差的情况下，两端电极的电子具有相对小的能量差，从而导致了 $\varepsilon_\downarrow$ 处的低谷。施加太赫兹辐照，光辅助隧穿打开了新的通道，导致了旁带峰的出现，使共振主峰有一定程度的减弱。值得注意的是，无太赫兹光辐照时，热流在对称点（$V_G = 0.5$）处存在一个最小值，这是因为左端电极的高能量电子通过能级 $\varepsilon_\uparrow + U = \mu_g B + \dfrac{U}{2}$ 向右端电极隧穿，但同时费米面下方对应位置 $\varepsilon_\downarrow = -\mu_g B - \dfrac{U}{2}$ 的空穴由右端向左端隧穿，从而导致了热流总体的降低，而太赫兹辐照产生的旁带效应使这个最低值有所增加。

随着太赫兹场强度的增加，光辅助响应增强，虽然热流数值有所降低，但可以在更大的栅极电压 V_G 范围内得到可利用的热流。图 6-3（b）显示了非对称太赫兹辐射下的热流曲线，定义一个非对称率 $\lambda = \omega_L / \omega_R$，设定 $\omega_R = 1.0$、$W_L =$

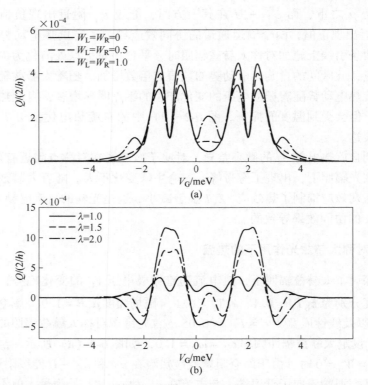

图 6-3 热流 Q 随栅极电压 V_G 在不同对称太赫兹辐照强度 $W_L = W_R$、$\omega_L = \omega_R = 1.0$（a）和不同太赫兹非对称率 $\lambda = \omega_L/\omega_R$（b）条件下的变化趋势

$W_R = 1.0$，调节 ω_L 的值以改变非对称率的大小。$\lambda = 1.0$ 意味着非对称性为 0，热流由热端流向冷端，与图 6-3（a）中点虚线线条吻合。结果显示，随着不对称率的加剧，热电流的绝对值明显增加，且在特定的 V_G 范围内出现负热流，这意味着从冷却器中流出的热流将会流向更高的温度端，产生了所谓的制冷效果。图 6-4（b）展示了非对称率 $\lambda = 2.0$ 的过程分析，当能级 $\varepsilon_\downarrow$ 与费米能级 μ 的能量差和太赫兹光子能量匹配时，右端能量为 $\varepsilon_\downarrow - \omega_R$ 的电子可以吸收一个太赫兹光子隧穿到量子点的 $\varepsilon_\downarrow$ 能级，然后向左右两个电极输运，这一过程促使了较低栅极电压处的负电流产生，即较低栅极电压下的负热流源于非对称辐射下的光电子泵效应。

同时，当电子被太赫兹辐射激发，费米面下方的对称位置上也会出现空穴。当调控的量子点能量匹配于空穴的能量时 $V_G = \varepsilon_\downarrow + \omega_R$，空穴将从较冷的引线传输到较热的引线，这也导致负热。类似地，可以在能级 $\varepsilon_\uparrow + U \pm \omega_R$ 处观测到负热流的存在。因此，通过改变非对称太赫兹辐的辐照频率以及调控栅极电压来有效控制热流的输运方向，来达到加热或制冷效果。

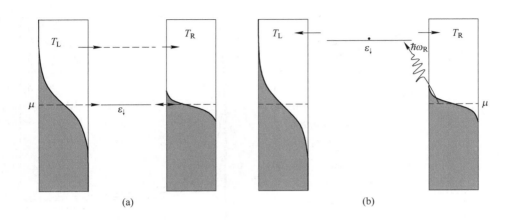

图 6-4 过程示意图
(a) 对应图 6-2(a)中的低谷；(b) 对应图 6-2(b)中的负热流

6.2.3 磁场对自旋优值和热电势的影响

图 6-5 显示了对称太赫兹辐照下随着温度的变化，磁场强度对电荷和自旋热电优值（Z_cT 和 Z_sT）的影响，其中太赫兹场的强度和频率为 $W_L = W_R = 1.0$，$\omega_L = \omega_R = 1.0$。显而易见，电荷和自旋热电优值（$Z_cT$ 和 Z_sT）对温度和磁场有不同的依赖性。这里取 $V_G = 2.2$ 确保所有的参数有适当的值，避免特殊的零值。

在 $k_BT < U$ 区域，由于库仑阻塞效应，随着温度的升高，电荷和自旋热电优值都会达到一个最优值。随着磁场的增加，电荷热电优值 Z_cT 最优值无变化，而自旋热电优值 Z_sT 最优值急剧增大且转移到一个较高的温度范围，说明磁场对自旋热电优值有重要的促进作用。通过对不同参数的分析，发现电荷热电优值 Z_cT 和自旋热电优值 Z_sT 对磁场不同的依赖性来源于电荷和自旋热电势（S_c 和 S_s）。外加磁场引起的塞曼分裂可以保持粒子—空穴输运对称性，但会显著改变不同自旋的输运性质，从而增加自旋热电势。同时，磁场强度对自旋极化有较大的影响，可以抑制（增强）自旋向上（自旋向下）热电动势。因此，随着磁场的增加，自旋热电势 $|S_s|$ 和自旋热电优值 Z_sT 增大。继续增加温度后，电荷热电优值 Z_cT 趋于稳定值，而自旋热电优值 Z_sT 迅速衰减为零。

6.2.4 温度对电导和热电势的影响

为详细探讨热电优值和热电势变化的基本原因，图 6-6 给出了磁场强度 $\mu_gB = 1.0$ 时，电导和热电势在不同温度影响下随着栅极电压的变化曲线。对于图 6-6（a）、（c）中的电导，在太赫兹辐照下，光辅助隧穿效应导致了旁带峰的

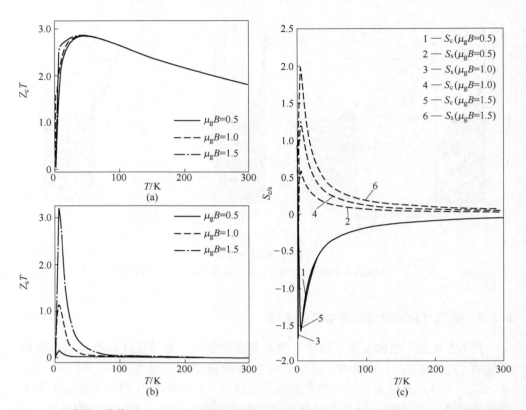

图 6-5 电荷热电优值 Z_cT (a)、自旋热电优值 Z_sT (b) 和电荷/自旋热电势 $S_{c/s}$ (c) 随温度的变化
(太赫兹对称地辐照在两端电极，设定 $V_G = 2.2$)

出现，随着温度的升高，由于热效应的增强，电导曲线整体趋于平滑，共振主峰和旁带峰的绝对量值逐渐减小，这意味着库仑阻塞效应被热效应抑制。特别是对于自旋电导，随着温度的升高，其峰值趋于零，直接导致了自旋热电优值随温度升高趋于零的趋势。

热电势的变化趋势如图 6-6 (b)、(d) 所示，随着温度的升高，Seebeck 系数正负的反转频率降低。当温度与劈裂能级能级差 $\Delta\varepsilon = \varepsilon_\uparrow - \varepsilon_\downarrow = 3$ 处于同一个数量级，如 $k_BT = 1.0$，正与之前工作报道的一致[19]，热电势的绝对量值会增大到一定程度，产生一个巨大的峰值，载流子可以选择两个能级进行隧穿。由于两端电极存在的温度差，左端电极中化学势 μ 以上（以下）的电子比右端电极的电子数量多（少）。当 $\varepsilon_\downarrow < \mu < \varepsilon_\uparrow$ 时，费米面上的电子通过能级 $\varepsilon_\uparrow$ 从左端电极隧穿到右端电极，同时费米面下的电子通过能级 $\varepsilon_\downarrow$ 从右端电极隧穿到左端电极，即空穴通过能级 $\varepsilon_\downarrow$ 从左端电极隧穿到右端电极。由于载流子在两个通道以相反

的方向运动,较小栅极电压 $|V_G|$ 范围内的电荷热电势 S_c 受到了明显的抑制,而自旋热电势 S_s 存在不同的发展趋势,在较小栅极电压 $|V_G|$ 范围内增大,而在较大栅极电压 $|V_G|$ 范围内减弱。

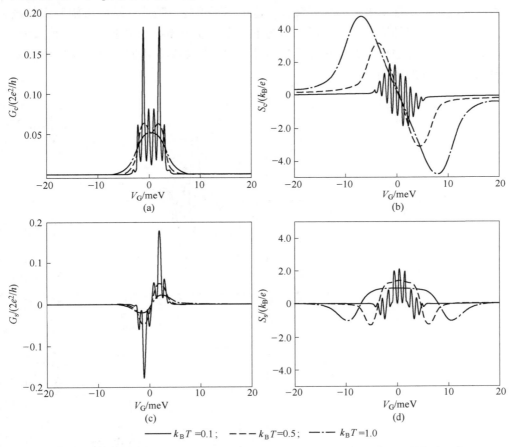

图 6-6 电荷电导 G_c(a)、自旋电导 G_s(c)和电荷热电势 S_c(b)、自旋热电势 S_s(d)对于不同温度随着栅极电压 V_G 的变化

6.2.5 完全非对称光场作用下的自旋相关平均电流

最后简单研究了两端电极存在温差时在完全非对称太赫兹辐照以及非对称太赫兹辐照下自旋电流随着栅极电压的变化趋势。如图 6-7(a)、(c)所示,在完全非对称太赫兹辐照下,自旋相关的电流都呈现出了光电子泵效应导致的负电流效果。而同时存在不对称温度场时,在库仑主峰的能级 $\varepsilon_\downarrow$ 和 $\varepsilon_\uparrow+U$ 处出现了类 Fano 反对称线型。温度场的不对称性与两端电极间的电偏压处于反向关系,当量子点的能级与两端的费米面匹配时,温差导致电子从右向左输运。当施加的太

赫兹强度增大时,光电子泵效应增强,削弱了热温差导致的类 Fano 线型。

对于非对称太赫兹辐照,自旋相关的电流曲线呈现出更加丰富的特性,在多处能级出现负电流,见图 6-7(b)、(d)。在之前的讨论中已经详细给出了在不同栅极电压处出现负电流的物理解释,这里不再重复。随着两端电极辐照太赫兹频率的不对称率的增加,同样可以削弱不对称温度场导致的类 Fano 反对称线型。在实际器件设计中可以通过施加适当强度和频率的太赫兹辐照消除环境中温度差导致的对器件的影响。

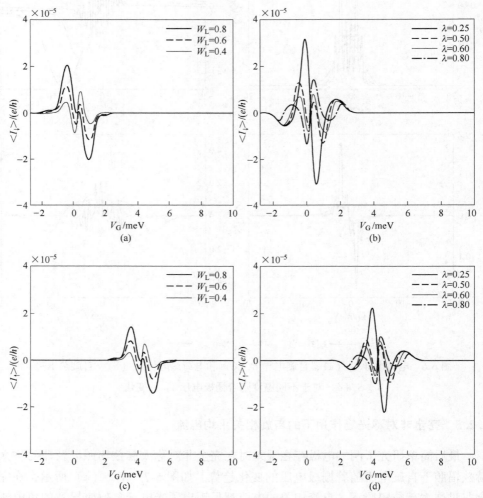

图 6-7 完全非对称太赫兹辐照下自旋向下(a)和自旋向上(c)的平均电流$<I_\downarrow>$和$<I_\uparrow>$与非对称太赫兹辐照 $\lambda = \omega_L/\omega_R$ 下自旋向下(b)和自旋向上(d)的平均电流$<I_\downarrow>$和$<I_\uparrow>$随着栅极电压的变化趋势

($k_B T_R - k_B T_L = 0.077$,$k_B T_R = 0.1$,其他参数与图 6-3 一致)

6.3 本章小结

之前的理论工作表明太赫兹辐照和外磁场共同作用下的半导体 InAs 量子点中的自旋极化输运存在新颖丰富的特性，且外场辐照对量子点系统的热电输运存在一定的影响。本章利用非平衡格林函数方法，从理论上讨论了线性响应区域中单能级 InAs 量子点系统在太赫兹辐照与外磁场共同作用下的热电输运性质。结果表明，太赫兹场对系统的热流有很大的作用，尤其是系统在非对称太赫兹辐照下可以呈现负电流，即在太赫兹光辅助隧穿效应的作用下实现制冷效果，仅仅需要通过改变外加太赫兹辐射频率和调节栅极电压，而不改变系统本身的参数和结构，这为进一步研究太赫兹辐照在控制热流方面以及制冷设备的潜在应用提供了一定的理论依据。

此外，当太赫兹对称地辐照在两端电极时，自旋热电优值对温度和磁场表现出敏感的依赖能力，这为半导体自旋热电器件中磁场和温度探测器的制造提供了新的思路。

参考文献

[1] Kouwenhoven L P, Jauhar S, Orenstein J, et al. Observation of photon-assisted tunneling through a quantum dot [J]. Phys. Rev. Lett., 1994, 73: 3443.

[2] Oosterkamp T H, Kouwenhoven L P, Koolen A E A, et al. Photon-assisted tunneling through a quantum dot [J]. Semicond. Sci. Technol. 1996, 50: 2019~2022.

[3] Oosterkamp T H, Kouwenhoven L P, Koolen A E A, et al. Photon sidebands of the ground state and first excited state of a quantum dot [J]. Phys. Rev. Lett., 1997, 78: 1536~1539.

[4] Song J T, Liu H W, Jiang H. Quantum pump effect induced by a linearly polarized microwave in a two-dimensional electron gas [J]. J. Phys.: Condens. Mat., 2012, 24: 215304.

[5] Pan H, Chen Z Y, Zhao S F, et al. Quantum spin and charge pumping through double quantum dots with ferromagnetic leads [J]. Phys. Lett. A, 2011, 375: 2239~2245.

[6] Zhou Y Q, Wang R Q, Shang L, et al. Pumped spin and charge currents from applying a microwave field to a quantum dot between two magnetic leads [J]. Phys. Rev, B, 2008, 78: 155327.

[7] Huber A J, Keilmann F, Wittborn J, et al. Terahertz near-field nanoscopy of mobile carriers in single semiconductor nanodevices [J]. Nano. Lett., 2008, 8 (11): 3766.

[8] Shibata K, Umeno A, Cha K M, et al. Photon-assisted tunneling through selfassembled InAs quantum dots in the terahertz frequency range [J]. Phys. Rev. Lett., 2012, 109: 077401.

[9] Crépieux A, Šimkovic F, Cambon B, et al. Enhanced thermopower under a timedependent gate voltage [J]. Phys. Rev. B, 2011, 83: 153417.

[10] Ma Z S, Shi J R, Xie X C. Quantum ac transport through coupled quantum dots [J]. Phys.

Rev. B, 2000, 62: 15352.
[11] Zhao H K, Zou W K. Fano-Kondo shot noise in a quantum dot embedded interferometer irradiated with microwave fields [J]. Phys. Lett. A, 2015, 379: 389~395.
[12] Wingreen N S, Jauho A P, Meir Y. Time-dependent transport through a mesoscopic structure [J]. Phys. Rev. B, 1993, 48: 8487.
[13] Jauho A P, Wingreen N S, Meir Y. Time-dependent transport in interacting and non-interacting mesoscopic systems [J]. Phys. Rev. B, 1994, 50: 5528.
[14] Sun Q F, Lin T H. Influence of microwave fields on the electron tunneling through a quantum dot [J]. Phys. Rev. B, 1997, 56 (7): 3591~3594.
[15] Murphy P, Mukerjee S, Moore J. Optimal thermoelectric figure of merit of a molecular junction [J]. Phys. Rev. B, 2008, 78: 161406.
[16] Yan Y H. Zhao H. Phonon interference and its effect on thermal conductance in ringtype structures [J]. J. Appl. Phys., 2012, 111: 113531.
[17] Swirkowicz R, Wierzbicki M, Barnas J. Thermoelectric effects in transport through quantum dots attached to ferromagnetic leads with noncollinear magnetic moments [J]. Phys. Rev. B, 2009, 80: 195409.
[18] Li J W, Wang B, Xu F M, et al. Spin-dependent Seebeck effects in graphene-based molecular junctions [J]. Phys. Rev. B, 2016, 93: 195426.
[19] Liu J, Sun Q F, Xie X C. Enhancement of the thermoelectric figure of merit in a quantum dot due to the Coulomb blockade effect [J]. Phys. Rev. B, 2010, 81: 245323.

7 太赫兹辐照下 A-B 环量子点系统的自旋热电效应

Fano 共振[1,2]是一种普遍存在的共振散射现象，它导致了反对称线型（ALS），这种现象在物理和工程的许多领域里都被发现。当一个离散能级与宽的连续谱相互作用时，两个交替路径的传输干涉会引起 Fano 共振。在过去的几十年里，许多新的固态系统已经在之前的工作中被探索并证实了 Fano 效应，例如开放量子点系统[3~5]、A-B（Aharonov-Bohm）干涉仪[6~9]、二维电子波导以及纳米管[10]，在这些系统中可以实现其他电子路径。其中，在 A-B 干涉仪中第一次观测到可调谐的 Fano 响应，该干涉仪的两条路径之一镶嵌了一个量子点[6,7]。随后，不同量子点构型的 A-B 环系统中与 Fano 效应相关的许多有趣的输运性质得到了研究[11~13]。

由于电子相互作用和电子约束效应，量子点系统在理论上和实验上均被证实可以获得较好的热电转换效率。因此，量子点系统已成为纳米级发电或冷却过程的设备组件的良好选择。Liu 等人[14]提出了一种由双量子点串联而成的热机构型，其能量转换效率可以接近热机所允许的最大卡诺效率。Yang 等人[15]提出一种高效的 A-B 环热电装置，该装置采用温度梯度和电置偏压，并将磁杂质量子点耦合到非磁性导线上。在该系统中，自旋空间的劈裂产生了显著的自旋功率和自旋效率，且可以通过调节自旋轨道相互作用和磁通量来有效调控自旋功率和自旋效率。

与时间无关的共振隧穿相比，光子辅助隧穿 Fano 共振表现出复杂而丰富的现象。Ma 等人[16]探讨了光辅助隧穿量子点系统中的 Fano 共振。据预测，Fano 反对称线型同样出现在旁带峰位置，且有吸收光子和发射光子诱导的旁带峰中的变化是不同步的。在微波场干扰下，Zhao 等人[17]研究了 A-B 环量子点系统的散粒噪声。研究发现 Kondo 共振与非共振直接隧穿之间的竞争导致了光辅助 Fano-Kondo 共振输运，且直接隧穿通道强度的增加会抑制 Kondo 峰值。越来越多的学者对高度相关电子的时间依赖的非平衡热电输运进行了深入的研究。随着太赫兹领域的快速发展以及其与半导体纳米器件之间的强烈相互作用，Yuan 等人[18]理论探索了太赫兹光辐照下双能级 InAs 量子点的自旋电子输运，发现在非对称太赫兹辐照下系统表现出类 Fano 共振现象，我们相信非对称太赫兹辐照下的 A-B 环量子点系统的非平衡态热电输运有着更加显著的特性。

非对称的太赫兹辐射可以使得单量子点系统呈现出类 Fano 效应以及电流平台的特性,那在 A-B 环量子点系统中,非对称太赫兹辐照对共振和非共振通道的干涉导致的本质 Fano 线型会产生怎样的效果？这是本章节考虑的问题之一；此外,施加太赫兹光场导致的光辅助隧穿对 A-B 环量子点系统非线性响应下的热电转换效率的影响也是考察的重点。本书提出镶嵌在耦合到非磁性引线的 A-B 环量子点系统中,太赫兹辐照在两端电极,如图 7-1 所示,并考虑了磁通量和自旋轨道相互作用。鉴于本组前期对磁性杂质的定性工作,这里仅考虑非对称太赫兹辐照下,探究该系统非线性响应区域的热流和输出功率。

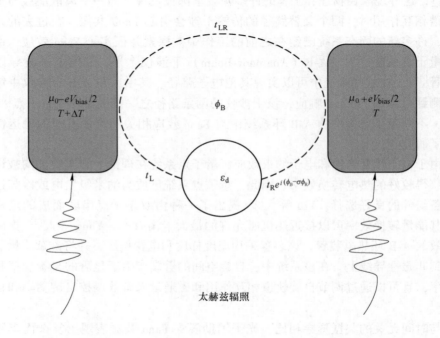

图 7-1　与普通金属弱耦合的 A-B 环嵌入量子点系统的结构示意图
(温度梯度 ΔT 和反偏置电压 $-V_{\text{bias}}$, $t_{\text{L}} = t_{\text{R}} = 0.04$, $t_{\text{LR}} = 0.1$,
$\mu_{\text{L/R}} = \mu_0 \pm eV_{\text{bias}}/2$, $\mu_0 = 0$)

7.1　理论模型与方法

在考虑自旋轨道相互作用和磁通量的情况下,系统的哈密顿量可写为如下形式:

$$H(t) = \sum_{\alpha k\sigma} \varepsilon_{\alpha k\sigma}(t) c^+_{\alpha k\sigma} c_{\alpha k\sigma} + \sum_{\sigma} \varepsilon_{\sigma} d^+_{\sigma} d_{\sigma} + \\ \sum_{k\sigma} (t_L c^+_{kL\sigma} d_{\sigma} + t_R e^{i(\phi_B - \sigma\phi_R)} c^+_{kR\sigma} d_{\sigma} + t_{LR} c^+_{kL\sigma} c^+_{kR\sigma} + \text{H. c.}) \tag{7-1}$$

式中，$c^+_{\alpha k\sigma}$ ($c_{\alpha k\sigma}$) 为 α (α=L, R) 端电极中动量为 k、自旋为 σ ($\sigma=\uparrow,\downarrow$) 的电子产生（湮灭）算符；$\varepsilon_{\alpha k\sigma}(t) = \varepsilon_{\alpha k\sigma} + W_{\alpha}(t)$ 为与时间相关的单电子能量，其中 $W_{\alpha}(t) = W_{\alpha}\cos\omega_{\alpha}t$，$W_{\alpha}$ 和 ω_{α} 分别为太赫兹场的强度和频率。第二项是 InAs 量子点的哈密顿量，d^+_{σ} (d_{σ}) 为量子点中自旋为 σ、能量为 $\varepsilon_{\sigma} = \varepsilon_d$ 的电子产生（湮灭）算符，可由栅极电压 V_G 调节。最后一项来源于量子点和两端电极以及两端电极间的隧穿。自旋轨道相互作用值导致了额外的自旋相关相位因子 $e^{-i\sigma\phi_R}$，磁通产生了自旋无关的相位因子 $e^{i\phi_B}$。

利用 Keldysh 非平衡格林函数方法，得到自旋相关电流和热流的表达式：

$$\begin{cases} I_{\sigma} = \dfrac{2e}{h}\int d\varepsilon \sum_{mn} T_{\sigma}(\varepsilon) f_{LR}(\varepsilon) \\ Q_{L\sigma} = \dfrac{2}{h}\int d\varepsilon \sum_{mn} (\varepsilon - \mu_L) T_{\sigma}(\varepsilon) f_{LR}(\varepsilon) \end{cases} \tag{7-2}$$

式中，$f_{LR}(\varepsilon) = \left[J_m^2\left(\dfrac{W_L}{\omega_L}\right) f_L(\varepsilon) - J_n^2\left(\dfrac{W_R}{\omega_R}\right) f_R(\varepsilon) \right]$，其中 J_n 是 n 阶贝塞尔函数；W_L 和 ω_L 是作用于左电极的光场的强度和频率；$f_{\alpha}(\varepsilon)$ 是电子的费米分布函数。为方便起见，我们在宽带近似下得到本征线宽，即 $\Gamma_{\alpha} = 2\pi\rho_{\alpha} t_{\alpha}^2$，$M = \pi^2 \rho_L \rho_R t_{LR}^2$，其中 ρ_{α} 是独立于能量的 α 端的态密度；$T_{\sigma}(\varepsilon)$ 是通过体系的透射系数，它包括共振隧穿和非共振隧穿之间的干涉，量子点的多次散射在光子吸收和发射的过程中的接触。透射系数的公式为

$$T_{\sigma}(\varepsilon) = T_b + \widetilde{\Gamma}\sqrt{\Omega T_b(1-T_b)}\cos\varphi \cdot \text{Re}[G^r_{dd\sigma}(\varepsilon)] + \\ \dfrac{1}{2}\widetilde{\Gamma}[T_b - \Omega(1 - T_b\cos^2\varphi)] \cdot \text{Im}[G^r_{dd\sigma}(\varepsilon)] \tag{7-3}$$

式中，$\widetilde{\Gamma} = (\Gamma_L + \Gamma_R)/(1+M)$ 为 Anderson 杂化；$\Omega = 4\Gamma_L\Gamma_R/(\Gamma_L + \Gamma_R)^2$ 为左右端电极与量子点耦合的非对称程度；$\varphi = \phi_B - \sigma\phi_R$；在此定义 $T_b = 4M/(1+M)^2$ 为电子在左右电极间直接隧穿的隧穿概率。运用运动方程和自洽计算得到的是推迟格林函数，其表示为

$$G^r_{dd\sigma} = 1/[(g^r_{d\sigma})^{-1} - \Sigma_{\alpha}(\tilde{t}_{d\alpha\sigma} + \tilde{t}_{d\bar{\alpha}\sigma} g^r_{\alpha} \tilde{t}_{\bar{\alpha}\alpha}) g^r_{\alpha} \tilde{t}_{\alpha d\sigma}/A] \tag{7-4}$$

式中，$\tilde{t}_{Ld\sigma} = t_L$，$\tilde{t}_{Rd\sigma} = t_R$，$\tilde{t}_{dL\sigma} = t_L^* = t_L$，$\tilde{t}_{dR\sigma} = t_R^* e^{-i\phi_{\sigma}} = t_R e^{-i\phi_{\sigma}}$，$A = 1 - g^r_R t^r_{RL} g^r_L t_{LR}$；$g^r_{d\sigma} = \dfrac{n_{\bar{\sigma}}}{\varepsilon - \varepsilon_d - n\omega - U} + \dfrac{1 - n_{\bar{\sigma}}}{\varepsilon - \varepsilon_d}$ 为无耦合相互作用时的格林函数，当

不考虑点内库仑相互作用即 $U = 0$，$g_{d\sigma}^{r} = \dfrac{1}{\varepsilon - \varepsilon_d - n\omega}$，此时推迟格林函数为

$$G_{dd\sigma}^{r} = \dfrac{1}{\varepsilon - \varepsilon_d - n\omega + \dfrac{1}{4}\Gamma\sqrt{\Omega T_b}\cos\varphi + \dfrac{i}{2}\widetilde{\Gamma}}$$

$$= \dfrac{\varepsilon - \varepsilon_d - n\omega + \dfrac{1}{4}\Gamma\sqrt{\Omega T_b}\cos\varphi - \dfrac{i}{2}\widetilde{\Gamma}}{(\varepsilon - \varepsilon_d - n\omega + \dfrac{1}{4}\Gamma\sqrt{\Omega T_b}\cos\varphi)^2 + \dfrac{\widetilde{\Gamma}^2}{4}} \tag{7-5}$$

透射系数为

$$T_\sigma(\varepsilon) = \dfrac{T_b(\varepsilon - \varepsilon_d - n\omega)^2 + \dfrac{1}{4}\widetilde{\Gamma}^2\Omega + (\varepsilon - \varepsilon_d - n\omega)\widetilde{\Gamma}\sqrt{T_b\Omega}\cos\varphi}{(\varepsilon - \varepsilon_d - n\omega + \dfrac{1}{4}\Gamma\sqrt{\Omega T_b}\cos\varphi)^2 + \dfrac{\widetilde{\Gamma}^2}{4}} \tag{7-6}$$

将式（7-6）代入式（7-2），可以得到自旋为 σ 的电流和热流。

对于非平衡态，采用热电优值来描述系统的热电转换效率将不太合适，通常的处理是计算系统在温度梯度 ΔT 和反向电偏压 V_{bias}（即左右端口温度满足 $T_L - T_R = \Delta T > 0$，而费米面满足 $\mu_L - \mu_R = -eV_{\text{bias}} < 0$）下，流进中心区域的热流转换的电流产生的输出功 P 所占比，即是系统的热电转换效率 η。这一转换效率通常比较低，在与理想 Carnot 机作比较时，通常用标准化热电转换效率 η/η_C。在单量子点系统中

$$\begin{cases} I_\sigma \cong \dfrac{\pi^2 k_B T_R}{3}[T'_\sigma(\mu)\Delta T - eV_{\text{bias}}T_\sigma(\mu)] \\ Q_L = \dfrac{\pi^2 k_B T_R}{3}[T_\sigma(\mu)\Delta T + eV_{\text{bias}}T_R T'_\sigma(\mu)] \end{cases} \tag{7-7}$$

温度梯度 ΔT 和反向偏压 V_{bias} 共存时，两者对输运存在竞争的关系，从式（7-7）可以看出，量子点能级处于两端电极的费米面下时，电偏压是主要贡献，系统产生负向电流；门电压调节的量子点能级逐渐上升，温度梯度起主导作用，电流逐步转为正向，系统对外输出功率。考虑到能量守恒，定义系统对外的输出功率为

$$P_{\text{out}} = \begin{cases} IP_{\text{out}}, & I \geq 0 \\ 0, & \text{其他} \end{cases} \tag{7-8}$$

这里 $P_{\text{out}} = IV_{\text{bias}} = Q_L + Q_R$。热流从左端电极流入中心区域，部分转化为电流流出，剩余的热量以热流的形式从右端端口流出（$Q_R < 0$）。

7.2 结果讨论

7.2.1 非对称太赫兹光作用下的电流和热流

数值计算中太赫兹光子能量为 $hf_{THZ} = \hbar\omega = 10.3 \text{meV}$，对应于哈密顿量中的 $\omega = 1$ ($e = \hbar = 1$)，书中的能量参数都以此为单位，且设定非共振隧穿的透射概率 $T_b = 0.5$。没有太赫兹辐照时，电流曲线显示出明显的 Fano 反对称线型。首先探讨了非线性响应区，即 $\mu_L - \mu_R = -eV_{bias} = -0.01$，不同频率的非对称太赫兹光辐照对电荷电路和热流的影响。由于量子点与两端电极的不对称耦合不会改变定性结论，在理论计算中假设对称耦合强度 $t_L = t_R$，忽略库仑相互作用。设定非对称率 $\lambda = \omega_L/\omega_R$、$\omega_R = 1.0$、$W_L = W_R = 1.0$，调节 ω_L 的值以改变非对称率的大小，实际上 $\lambda = 1.0$ 意味着非对称率为零，系统处于对称太赫兹辐照下。如图 7-2 (a) 的插图所示，对称太赫兹辐照下的光辅助隧穿导致光旁带峰的出现，且不管是共振主峰还是旁带谐振峰在能级 ε 和 $\varepsilon \pm \omega_{L/R}$ 处都呈现了 Fano 反对称线型。

此外，由于温度梯度 $k_B\Delta T = k_B T_L - k_B T_R = 0.01$，以及反向偏置电压的存在，净电荷电流随着栅极电压 V_G 的变化而流向不同。在较小栅极电压处，即量子点的能级低于两端电极的费米能级，电置偏压控制的输运过程占据主导位置，系统的净电荷电流为负值。随着栅极电压的增大，量子点的能级上升，温度梯度驱使的电子输运成为主要贡献，电荷电流转化为正向电流，此时系统将输出功率。在单量子点系统中，不对称太赫兹辐照诱导光电子泵效应，导致在能级 $\varepsilon - \omega_L$、$\varepsilon + \omega_R$ 处的负电流，以及在 $\varepsilon - \omega_R$、$\varepsilon + \omega_L$ 处从左至右的纯净电流，随着非对称率 λ 的增加电流曲线会出现类 Fano 共振。而对于 A-B 环量子点系统，由于非共振隧穿通道的存在，在不对称太赫兹辐照下，电荷电流曲线呈现出完全不同的特性。Ma 等人[19]发现对称外场辐照下的 A-B 环量子点系统的泵电流在 $T_b = 1$ 和 $T_b = 0$ 是反转的，即非共振隧穿通道会弱化泵电流。正如图 7-2 (a) 所示，随着非对称 λ 的增加，一方面电荷电流的绝对量值有数量级的提升；另一方面在有效的栅极电压范围内电荷电流表现为几乎完全对称的特性，即在 A-B 环量子点系统中，不对称太赫兹辐照反而削弱甚至消除了 Fano 共振。

对于热电流的探讨，为了突显热效应，在允许范围内我们设定两端电极的温度差 $k_B\Delta T = k_B T_L - k_B T_R = 0.1$。单量子点系统在对称太赫兹辐射下，热流在有效栅极电压 V_G 范围内从高温端流向低温端，并在能级 ε 和 $\varepsilon \pm \omega$ 处出现共振峰。但由于 Fano 效应的存在 ($T_b = 0.5$)，热流在较低栅极电压处仍为正向热流，而随着栅极电压的增大，热流改变方向，这意味着热流从低温端流向高温端电极，这就是所谓的制冷效应。随着非对称率 λ 的增加，不对称太赫兹的存在使得热流的输出更加明显，同时在同样栅极电压调控下增加了制冷效应发生的概率。有趣的是，当改变太赫兹在两端电极的辐照频率，例如 $\lambda = \omega_L/\omega_R = 2.0$，热流呈现完全相反的流向，在较小栅极电压处有制冷效果。这样的特性为热电器件的操控提供了新的方法和思路。

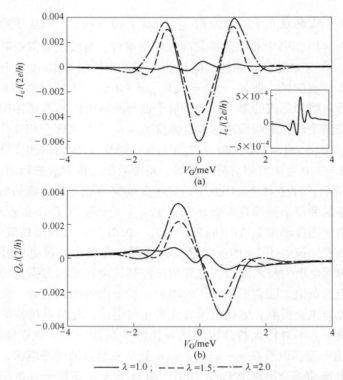

图 7-2 电荷电流（a）和电荷热流（b）在不同太赫兹辐照非对称率 λ 的调控下随着栅极电压的变化

（右端电极的温度为 $k_B T_R = 0.1$，左端电极的温度分别为（a）$k_B T_L = 0.11$，（b）$k_B T_L = 0.2$；其他系统参数为 $\Gamma_L = \Gamma_R = -0.1$, $\phi_B = \phi_R = 0$）

7.2.2 光场强度、非对称率以及端口温度对输出功率的影响

为更好地表征热电效应，对系统的输出功率进行了计算。只有当通过中心量子点区域的电流为正值，即 $I \geqslant 0$ 时，热电器件才可作为热机产生输出功率。这里探讨了太赫兹辐照对输出功率 P_{out} 的影响，在此之前，简要讨论了温度的影响，如图 7-3（a）所示。两端电极之间存在较大的温差使得热效应在电子隧穿起主导作用。此外，随着温度的增加 Fano 共振引起的反对称线型被削弱，在负栅极电压 V_G 旁带峰出现，同时共振主峰也有所增强，因此，认为适当的高温更有

利于研究太赫兹辐照的影响,这里设定两端电极间的温差为 $k_B \Delta T = k_B T_L - k_B T_R =$ 0.2 - 0.1 = 0.1。如图 7-3(b)所示,输出功率很大程度依赖于栅极电压 V_G,且在 $V_G = 0$ 的库仑主峰处附近达到一个最优值。施加对称太赫兹辐照,由于光辅助隧穿引起的旁带效应,促使主峰处的输出功率减弱。继续增加太赫兹辐照强度,如 $W_L = W_R = 2.0$,出现了输出功率禁区,即在 $V_G = 0$ 库仑主峰处输出功率为零,输出区域到转移能级为 $\varepsilon \pm n\hbar\omega$ 的旁带峰峰位,但输出量值相较于低太赫兹强度有一定程度的降低。

但值得注意的是,在低太赫兹强度辐照时,通过改变辐照频率即增大非对称率 λ 仍可以实现功率禁区,如图 7-3(c)所示。这可以从图 7-2(a)得出,由

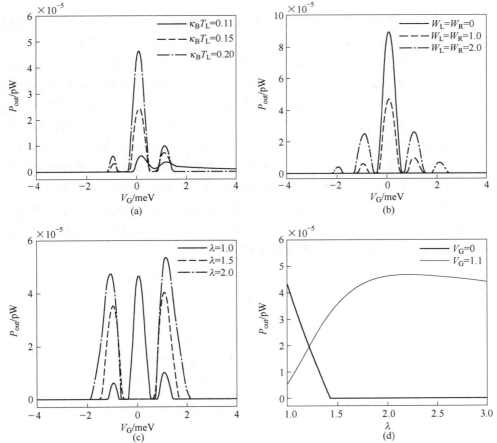

图 7-3 输出功率 P_{out} 随栅极电压 V_G 在不同端口温度
$k_B T_L$($\omega_L = \omega_R = 1.0$, $W_L = W_R = 1.0$)(a)、不同对称太赫兹辐照强度
$W_{L/R}$($\omega_L = \omega_R = 1.0$)(b)和不同非对称率 λ($W_L = W_R = 1.0$)(c)的变化以及
输出功率 P_{out} 在栅极电压 $V_G = 0$、$V_G = 1.1$ 处对非对称率 λ 的依赖性($W_L = W_R = 1.0$)(d)
(其他参数与图 7-2(b)一致)

于两端电极的不对称太赫兹辐射导致了光子泵效应，A-B 环量子点系统的电荷流在库仑主峰处产生负值，从而输出功率 P_{out} = 0。此外，太赫兹频率的变化引起了峰值的转移，从而使功率禁区有了一定程度的拓展。最后，给出了输出功率 P_{out} 对非对称率 λ 的依赖性，其中取的栅极电压 V_G 分别为对应于库仑主峰的 V_G = 0 和对应旁带峰位置的 V_G = 1.1 处。如图 7-3（d）所示，库仑主峰处的输出功率随着非对称率 λ 的增加呈线性关系下降直至为零；而对于光辅助旁带峰的输出功率在低非对称率范围内呈逐渐上升状态，当 λ 达到一定值时，输出功率趋于稳定。根据这样的特性，在实际应用中可以选择合适的非对称率来获得更好的输出功率。

7.2.3 光场强度和频率不对称对热流的影响

为进一步探讨非对称太赫兹辐照对系统热电输运的影响，图 7-4 给出了太赫兹辐照强度和频率都不对称的情况（$W_L \neq W_R$、$\omega_L \neq \omega_R$）下系统的热电输运特性。其中设定 ω_L = 2.0、ω_R = 1.0、λ = 2.0、W_R = 1.6，改变左端电极太赫兹辐射强度来改变 W_L/ω_L 的比值。如图 7-4 所示，在左端电极辐照强度较低的情况下，低栅极电压处光电子泵效应导致的负热流与 Fano 共振的正向热流共同作用导致了负热流的抑制，只在较大栅极电压下呈现出 Fano 反线型共振导致的负热流，且热流绝对数值对比于频率不对称情况有很大的提升。且在较大的栅极电压绝对值 $|V_G|$ 范围内，热流与栅极电压近似于线性关系，这为太赫兹热电器件的设计提供了稳定性能。随着 W_L/ω_L 比值的提高，热流的绝对数值显著降低，且库仑主峰和旁带峰的位置都呈现出 Fano 反对称线型，不同的栅极电压区域热流呈现不同的输运方向，调节栅极电压的大小可以实现不同的制冷和制热效果，这可以为区域性应用的变化型热电器件提供理论基础。

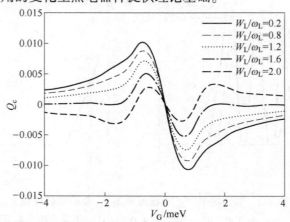

图 7-4 太赫兹辐照强度和频率不对称的情况（$W_L \neq W_R$、$\omega_L \neq \omega_R$）下，改变 W_L/ω_L 的比值时系统的热流 Q_c 随栅极电压 V_G 的变化曲线

（设定 W_R = 1.6，ω_L = 1.0，ω_R = 2.0）

7.2.4 光场强度和频率不对称时的输出功率

图 7-5 显示了太赫兹辐照强度和频率都不对称的情况下系统输出功率随栅极电压的变化。图中设定 $\omega_L = 1.0$、$\omega_R = 2.0$、$\lambda = 2.0$、$W_R = 1.6$，改变左端电极太赫兹辐射强度来改变 W_L/ω_L 的比值。左端电极太赫兹辐照强度较低时，光电子泵效应导致的负电流被热效应和 Fano 共振抵消，导致输出功率在更大栅极电压范围内得到有效值，但仍在库仑主峰的峰位附近呈现功率禁区，可以通过调节栅极电压的大小实现功率开关的特性。随着 W_L/ω_L 比值的增大，较大的 $|V_G|$ 绝对数值范围内的输出功率逐渐削弱为零，只在旁带峰对应的能级附近存在输出功率，但与频率不对称太赫兹辐照情形相比，输出功率的数值提升了一个数量级。综上所述，相比于频率不对称度的变化，太赫兹辐照强度和频率双重不对称度可以扩大输出功率的有效区域，且增强热流和输出功率的绝对数值，使体系呈现出更加丰富和新颖的热电输运性质。

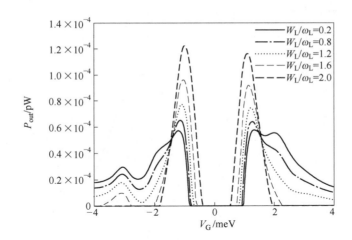

图 7-5 太赫兹辐照强度和频率不对称的情况（$W_L \neq W_R$、$\omega_L \neq \omega_R$）下，
改变 W_L/ω_L 的比值时系统的输出功率 P_{out} 随栅极电压 V_G 的变化曲线
（设定 $W_R = 1.6$，$\omega_L = 1.0$，$\omega_R = 2.0$）

7.2.5 光场非对称率和自旋轨道耦合对自旋流的影响

在探讨系统的输出功率时着重考察了太赫兹辐照的强度和频率的影响，未考虑自旋轨道耦合相互作用，这里考虑自旋轨道耦合效应。自旋轨道耦合相互作用会导致两个效应[20,21]：（1）电子在隧穿过程中会获得一个自旋相关的相位；（2）量子阱中电子会出现能级间自旋翻转。系统的隧穿过程与自旋轨道耦合相

互作用引入的自旋相关相位 ϕ_R 和磁通量诱导的自旋无关相位 ϕ_B。当仅仅考虑隧穿过程的一阶过程时，量子点与两端电极的等效耦合强度可表示为

$$\begin{cases} \gamma_{l\sigma} = (2\pi)^{-1}(\varGamma_L + 2\varGamma_{LR} + 2M\sin\phi_\sigma) \\ \gamma_{r\sigma} = (2\pi)^{-1}(\varGamma_R + 2\varGamma_{LR} - 2M\sin\phi_\sigma) \end{cases} \tag{7-9}$$

通过调控相位 ϕ_R 和 ϕ_B，每个干涉路径获得的不同自旋的相位移动可以被有效地控制来观测自旋相关电流的振荡。在图 7-6 中，考虑不同非对称率 λ 下自旋相关电流随着自旋相关相位 ϕ_R 的变化。在对称太赫兹辐照（$\lambda = 1.0$）下，如图 7-6（a）所示，对于任意的自旋无关的相位 ϕ_B，随着 ϕ_R 的增加自旋相关电流 $I_{\uparrow/\downarrow}$ 发生周期为 π 的周期性变化，且此时为 u 自旋劈裂；然而随着非对称率 λ 的增加，自旋简并被破坏，变换周期也发生了变化。自旋向上的电流 $I_\uparrow$ 在 $\phi_B = \phi_R + 2n\pi$ 达到最大值，而自旋向下的电流 $I_\downarrow$ 在 $\phi_B = -\phi_R + 2n\pi$ 达到最优值，且不对称太赫兹下的光电子泵效应诱导的负电流出现在不同的 ϕ_R 区域（图 7-6（b））。鉴于自旋相关电流 $I_{\uparrow/\downarrow}$ 完全相反的流向，自旋电流与自旋向上的电流表现出相同的趋势，但其数值有很大的增大（图 7-6（c））。

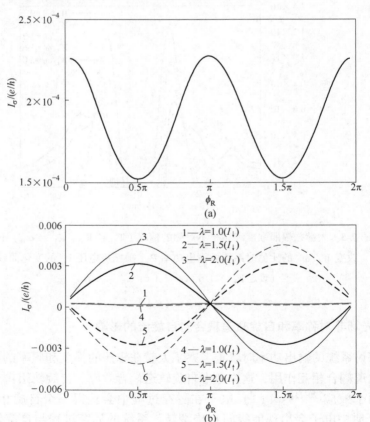

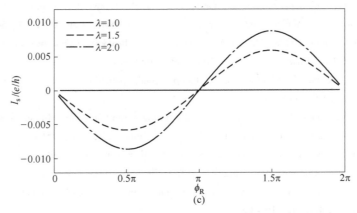

图 7-6 $\lambda=1.0$ 时自旋相关电流 I_σ 的放大图（a）与自旋相关电流 I_σ（b）和自旋电流 I_s（c）在不同非对称率 λ 下随着自旋相关的相位 ϕ_R 的变化

（$V_G=0$, $\phi_B=0.5\pi$, $k_B T_L = k_B T_R = 0$, 其他参数与图 7-2 中一致）

7.3 本章小结

之前的理论工作表明太赫兹辐照和外场磁场共同作用下的半导体 InAs 量子点中的自旋极化输运存在新颖丰富的特性，且外场辐照对量子点系统的热电输运存在一定的影响。本章利用非平衡格林函数方法，从理论上讨论了太赫兹辐射下 A-B 环量子点系统在非线性区域的 Fano 共振和热电输运。研究结果表明在 Fano 效应和光子-电子泵效应的共同作用下，电流在非对称太赫兹辐照下呈对称线型。通过调节两个电极的太赫兹频率的不对称率，热流表现出明显的冷却效果，可以有效地切换热流方向，这为热电的应用开辟了一条新的设备途径。此外，随着太赫兹场的强度或频率的增加，系统的输出功率禁止区将出现在特定的区域。这些特征对于太赫兹热电探测器的研制具有一定的潜在价值。

参 考 文 献

[1] Fano U. Effects of configuration interaction on intensities and phase shifts [J]. Phys. Rev. B, 1961, 124: 1866.
[2] Tekman E, Bagwell P F. Fano resonances in quasi-one-dimensional electron waveguides [J]. Phys. Rev. B, 1993, 48: 2553.
[3] Kastner, Marc A. Artificial atoms [J]. Phys. Today, 1993, 46 (1): 24~31.
[4] Göres J, Goldhaber-Gordon D, Heemeyer S, et al. Fano resonances in electronic transport through a single-electron transistor [J]. Phys. Rev. B, 2000, 62: 2188.

[5] Zacharia I G, Goldhaber-Gordon D, Granger G, et al. Temperature dependence of Fano line shapes in a weakly coupled single-electron transistor [J]. Phys. Rev. B, 2001, 64: 155311.

[6] Johnson A C, Marcus C M, Hanson M P, et al. Coulomb-modified Fano resonance in a one-lead quantum dot [J]. Phys. Rev. Lett., 2004, 93: 106803.

[7] Aharonov Y, Bohm D. Significance of electromagnetic potentials in the quantum theory [J]. Phys. Rev., 1959, 115: 485.

[8] Kobayashi K, Aikawa H, Katsumoto S, et al. Tuning of the Fano effect through a quantum dot in an Aharonov-Bohm interferometer [J]. Phys. Rev. Lett., 2002, 88: 256806.

[9] Kobayashi K, Aikawa H, Katsumoto S, et al. Mesoscopic Fano effect in a quantum dot embedded in an Aharonov-Bohm ring [J]. Phys. Rev. B, 2003, 68: 235304.

[10] Kim J, Kim J R, Lee J O, et al. Fano resonance in crossed carbon nanotubes [J]. Phys. Rev. Lett., 2003, 90: 166403.

[11] Joe Y S, Kim J S, Satanin A M. Resonance characteristics through double quantum dots embedded in series in an Aharonov-Bohm ring [J]. J. Phys. D Appl. Phys., 2006, 39: 1766.

[12] Joe Y S, Hedin E R, Kim J S. Flux-dependent anti-crossing of resonances in parallel non-coupled double quantum dots [J]. Phys. Lett. A, 2008, 372: 5488.

[13] Hedin E R, Joe Y S, Sensitive spin-polarization effects in an Aharonov-Bohm double quantum dot ring [J]. J. Appl. Phys., 2011, 110 (2): 026107.

[14] Liu Y S, Yang X F, Hong X K. A high-efficiency double quantum dot heat engine [J]. Appl. Phys. Lett., 2013, 103: 093901.

[15] Yang X, Zheng J, Chi F, et al. Spin power and efficiency in an Aharnov-Bohm ring with an embedded magnetic impurity quantum dot [J]. Appl. Phys. Lett., 2015, 106 (19): 033405.

[16] Ma Z S, Shi J R, Xie X C. Quantum ac transport through coupled quantum dots [J]. Phys. Rev. B, 2000, 62: 15352.

[17] Zhao H K, Zou W K. Fano-Kondo shot noise in a quantum dot embedded interferometer irradiated with microwave fields [J]. Phys. Lett. A, 2015, 379: 389~395.

[18] Yuan R Y, Zhao X, Ji A C, et al. Spin-polarized oscillations and 100% spin polarization plateau in an InAs quantum dot subjected to terahertz irradiation and a magnetic field [J]. J. Phys. D Appl. Phys., 2015, 48: 485304.

[19] Wierzbicki M, Swirkowicz R. Power output and efficiency of quantum dot attached to ferromagnetic electrodes with non-collinear magnetic moments [J]. J. Magn. Mater., 2012, 324: 1516.

[20] Sun Q F, Wang X J, Guo H. Quantum transport theory for nanostructures with Rashba spin-orbital interaction [J]. J. Appl. Phys., 2005, 71: 165310.

[21] Lue H F, Guo Y. Pumped pure spin current and shot noise spectra in a two-level Rashba dot [J]. Appl. Phys. Lett., 2008, 92: 062109.

8 金属电极双量子点系统中的自旋热电效应

Seebeck 效应[1]，作为一个热电转换的重要物理现象，在现今的半导体物理学研究中有着重要的地位。近年来，越来越多的学者开始关注库仑排斥作用等效应导致介观体系中的热电优值显著增强的现象[2~6]，而这些介观系统中的自旋效应与热电效应的关联也成为了人们研究的重点[7,8]，于是，人们从中挖掘出了一系列新的自旋热电效应现象。

Uchida 等人在实验上首次观测到了自旋 Seebeck 效应[9]，其与电荷流的 Seebeck 效应类似，通过在磁性金属条上施加一个温度梯度来获得自旋电势差或自旋电流。这一重要的现象提供了一种新的自旋操控的思路，或可以直接应用到自旋电子学器件中以获得自旋流。而自旋 Seebeck 效应的发现也激发了人们对热电自旋电子学开展实验和理论研究热情。除了铁磁金属，人们也在铁磁半导体[10]或铁磁绝缘体[11]中发现了类似的效应。与电荷 Seebeck 效应类似，系统中的自旋热电效应可以通过自旋热电优值来描述。

值得注意的是，实验和理论工作[2~4,7,8]都表明，由于其类似 δ 函数形状的态密度函数和电子之间的关联作用，高效率的热电优值更容易在低维结构中被观测到。而对于具有零维结构的量子点来说，则更是成为热电效应的绝佳研究对象。因此，多种铁磁端口环境下的量子点系统中，人们在库仑阻塞区域或 Kondo 区域做出了大量的研究[7,12~15]。

Fano 效应源自输运过程中共振通道和非共振通道中的干涉效应[16]，其主要的效应包括：(1) 离散能级和连续能级的共振耦合会导致离线能级产生有限值的展宽；(2) 系统的波函数在上述展宽范围存在 π 的相位移动；(3) 共振态和非共振态的干涉将产生反对称的线型（Fano 线型）。由于量子点系统内电子的干涉效应显著，因此 Fano 效应成为量子点系统研究中受到人们关注的一个重要效应。在热电输运的研究过程中，利用 Fano 共振在量子点系统中获得了较高的热电转换效率[7,13,17~19]。

本章节理论研究一个由两个单能级量子点组成的系统，并考虑了 Rashiba 自旋轨道耦合与库仑排斥作用的影响：其中一个量子点弱耦合地嵌入到 A-B 环的一臂上（记为 QD-1）；另一个则连接到一个施加了自旋偏压的电极上（记为 QD-2），QD-2 中电子自旋数则可以完全通过自旋偏压实现电调制。由于低温及量子点和电极之间的态密度失配[20,21],这一系统中忽略了声子对热导率的影响,仅考虑电子的贡献[17,19]。

8.1 理论方法与计算公式

上述系统可以通过如下哈密顿函数来描述:

$$H = H_1 + H_2 + V_{12} \tag{8-1}$$

式中,H_i($i=1$,2)描述的是量子点 i 和电极 α 的哈密顿函数,并且可以通过 Anderson 模型表述为[22] $H_i = \sum_{\alpha} H_{\alpha i} + H_{Di} + H_{Ti}$。其中的第一项可进一步写作 $\sum_{\alpha} H_{\alpha} = \sum_{k\alpha\sigma} \varepsilon_{k\alpha\sigma} C^+_{k\alpha\sigma} C_{k\alpha\sigma}$,这里当 $i=1$ 时 $\alpha = L$、R;$i=2$ 时,$\alpha = S$;$C^+_{k\alpha\sigma}$($C_{k\alpha\sigma}$)是 α 电极中具有能量 $\varepsilon_{k\alpha\sigma}$、动量 k 和自旋 σ 的电子的产生(湮灭)算符。第二项表示的是平行双量子点中的哈密顿函数:$H_{Di} = \sum_{k\alpha\sigma} \varepsilon_{i\sigma} d^+_{i\sigma} d_{i\sigma} + U_i d^+_{i\uparrow} d_{i\uparrow} d^+_{i\downarrow} d_{i\downarrow}$,其中 $d^+_{i\sigma}$($d_{i\sigma}$)是 QD-i 内能级 $\varepsilon_{i\sigma}$ 上带有自旋 σ 的电子的产生(湮灭)算符;U_i 是 QD-i 的点内库仑相互作用。最后一项 H_T 表示量子点与电极、电极与电极之间的耦合项:对于 DQ-1 有 $H_{T1} = \sum_{k\sigma}(t_L C^+_{kL\sigma} d_{1\sigma} + t_R e^{i\phi_B - i\sigma\phi_R} C^+_{kR\sigma} d_{1\sigma} + t_{LR} C^+_{kL\sigma} C_{kR\sigma}$ + H.c.);对于 QD-2 有 $H_{T2} = \sum_{k\sigma}(t_s C^+_{ks\sigma} d_{2\sigma}$ + H.c.)。其中 ϕ_B 是由于磁通引入的自旋无关的相位因子;ϕ_R 则是由 Rashba 轨道耦合效应诱发的自旋相关的相位因子。式(8-1)中的第三项 V_{12} 表示平行量子点间电子的相互作用。这里考虑两个量子点相距较远,忽略点间库仑排斥作用,仅考虑 Heisenberg 交换作用。

一般情况下,两量子点内电子的相互作用主要有直接隧穿和库仑排斥作用,当电子波函数有重叠但是直接隧穿被屏蔽时,由于电子波函数的交换反对称性和库仑排斥作用,在其对角化表象下的特征量即是 Heisenberg 交换作用耦合强度 J 的 1/4 或 3/4。Heisenberg 交换作用耦合强度为 $J s_1 \cdot s_2$,QD-i 中的自旋算符记作 $s_1 = (\hbar/2) \sum_{\sigma\sigma'} d^+_{i\sigma} \hat{\sigma}_{\sigma\sigma'} d_{i\sigma'}$。因此,Heisenberg 交换作用可以重新写作 $J s_1 \cdot s_2 = \frac{1}{2} J(d^+_{1\uparrow} d_{1\uparrow} - d^+_{1\downarrow} d_{1\downarrow}) s^z_2 + \frac{1}{2} J d^+_{1\uparrow} d_{1\downarrow} s^-_2 + \frac{1}{2} J d^+_{1\downarrow} d_{1\uparrow} s^+_2$,其中 $s^z_2 = d^+_{2\uparrow} d_{2\uparrow} - d^+_{2\downarrow} d_{2\downarrow}$;$s^+_2 = d^+_{2\uparrow} d_{2\downarrow}$;$s^-_2 = d^+_{2\downarrow} d_{2\uparrow}$。当平行双量子点之间的耦合足够弱,通过调节量子点内的能级,可以屏蔽其间的直接隧穿,此时双量子点间的相互作用则可以通过一个正的 Heisenberg 交换作用很好地描述,目前实验上在两点间耦合强度约为 $t_{dd} = 0.15$meV 的情况下,其交换作用强度 J 可以达到 0.9meV 的水平[23]。

通过运动方程，可以将 α（α=L、R）中的自旋相关电流用 QD-1 中的推迟格林函数严格表示[24]：

$$\begin{pmatrix} J_\sigma^\alpha \\ J_\sigma^{Q\alpha} \end{pmatrix} = \frac{1}{h}\int d\varepsilon \begin{pmatrix} e \\ \varepsilon - \mu_{\alpha\sigma} \end{pmatrix} \tau_\sigma(\varepsilon)[f_{L\sigma}(\varepsilon) - f_{R\sigma}(\varepsilon)] \quad (8\text{-}2)$$

式中，$f_{\alpha\sigma}(\varepsilon) = \{1 + \exp[(\varepsilon - \mu_{\alpha\sigma})/k_B T_\alpha]\}^{-1}$ 为电极 α 在费米面为 $\mu_{\alpha\sigma}$、温度为 T_α 下的费米-狄拉克分布函数；k_B 为 Boltzmann 常数；$\tau_\sigma(\varepsilon)$ 为自旋 σ（σ=↑、↓）的自旋相关的透射系数。

如图 8-1 所示，设 $T_L = T$、$T_R = T + \Delta T$、$\mu_{L\sigma} = \mu$ 以及 $\mu_{R\sigma} = \mu + \sigma\Delta V_\sigma$（其中 $\Delta\mu$ 是温差 ΔT 诱发的自旋偏压[7]）。在线性响应区域，化学势和温差被认为总是趋近于零的。通过对费米分布函数在 $\Delta T = 0$、$\Delta\mu_\sigma = 0$ 附近的一阶展开，式（8-2）能进一步写作：

$$\begin{pmatrix} J \\ J^Q \end{pmatrix} = \begin{pmatrix} \dfrac{2e^2}{h}K_{0\sigma} & -\dfrac{2e}{hT}K_{1\sigma} \\ -\dfrac{2e}{hT}K_{1\sigma} & \dfrac{2}{hT}K_{2\sigma} \end{pmatrix} \begin{pmatrix} \Delta\mu_\sigma \\ \Delta T \end{pmatrix} \quad (8\text{-}3)$$

式中，$K_{n\sigma}(\mu, T) = \int d\omega(-\partial f/\partial\varepsilon)(\varepsilon - \mu_0)^n \tau_\sigma(\varepsilon)$。

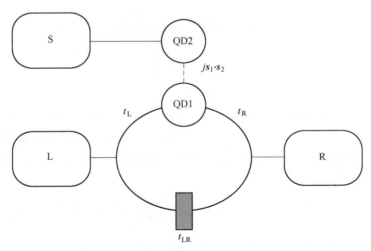

图 8-1　与普通金属电极弱耦合的 A-B 环上嵌入双量子点系统的结构示意图

自旋相关的电导 G_σ、自旋相关的热电势 S_σ 和不同自旋电子对热导的贡献 $\kappa_{el\sigma}$ 能够表示为 $K_{n\sigma}(\mu, T)$ 的函数：$G_\sigma = e^2 K_{0\sigma}(\mu, T)/h$；$S_\sigma = -K_{1\sigma}(\mu, T)/[eTK_{0\sigma}(\mu, T)]$；$\kappa_{el\sigma} = [K_{2\sigma}(\mu, T) - K_{1\sigma}^2(\mu, T)/K_{0\sigma}(\mu, T)]/(hT)$。最终自旋 FOM $Z_s T$ 也将由此算出。

式 (8-2) 中自旋相关的透射系数可以写作：

$$\tau_\sigma(\varepsilon) = \frac{2\Gamma_{LR}}{(1+\Gamma_{LR})^2} + \frac{\text{Re}[G^r_{11\sigma}]}{(1+\Gamma_{LR})^3}[2(1-\Gamma_{LR})M\cos\phi_\sigma] +$$

$$\frac{\text{Im}[G^r_{11\sigma}]}{(1+\Gamma_{LR})^3(\Gamma_L+\Gamma_R)}[\Gamma_{LR}(\Gamma_L^2+\Gamma_R^2) - (1+\Gamma_{LR})2\Gamma_L\Gamma_R + 4M^2\cos^2\phi_\sigma]$$

(8-4)

式中，$\Gamma_{L(R)} = 2\pi\rho_\alpha t_\alpha^2$，$\Gamma_{LR} = \pi^2\rho_L\rho_R t_{LR}^2$，$M = 2\pi^2\rho_L\rho_R t_L t_R$，$\phi_\sigma = \phi_B - \sigma\phi_R$，$\rho_\alpha$ 为电极 α 中的态密度。

为了计算 QD-1 中的推迟格林函数 $G^r_{11\sigma}$，需要在 Hartree Fock 近似下计算 QD-2 中的自旋热力学平均 $<s_2^Z> = <n_{2\uparrow} - n_{2\downarrow}>/2$。计算表明由 s 口中的自旋偏压诱发的 $<s_2^Z>$ 可以作为从 -0.5 到 0.5 的参数处理[18]。考虑到 QD-2 中的自旋单态占据，可以得到 $s_2^{Z/+} s_2^{+/Z} = \pm\frac{1}{2} s_2^+$，$s_2^{Z/-} s_2^{-/Z} = \pm\frac{1}{2} s_2^-$，$s_2^\pm s_2^\mp = \pm\frac{1}{2} \pm s_2^Z$，$(s_1^Z)^2 = \frac{1}{4}$。借助 EOM 方法 QD-1 中的推迟格林函数 $G^r_{11\sigma}$ 可以从如下运动方程推导：

$$\ll d_{1\sigma} | d_{1\sigma}^+ \gg = (\omega - \varepsilon_1)^{-1}\left[1 + U \ll d_{1\sigma} n_{1\bar\sigma} | d_{1\sigma}^+ \gg + \frac{J}{2} \ll d_{1\bar\sigma} s_2^- | d_{1\sigma}^+ \gg + \right.$$

$$\frac{J}{2} \ll d_{1\sigma} s_2^Z | d_{1\uparrow}^+ \gg + t_L \sum_k \ll c_{kL\sigma} | d_{1\sigma}^+ \gg +$$

$$\left. t_R e^{-i\phi_\sigma} \sum_k \ll c_{kR\sigma} | d_{1\sigma}^+ \gg \right]$$

(8-5)

式 (8-5) 中的多体格林函数（如 $\ll d_{1\sigma} n_{1\bar\sigma} | d_\sigma^+ \gg$、$\ll d_{1\bar\sigma} s_2^- | d_{1\sigma}^+ \gg$、$\ll d_{1\sigma} s_2^Z | d_{1\uparrow}^+ \gg$ 等），同样可以通过 EOM 方法推导并获得更高阶数的格林函数。考虑到 QD-1 与两电极是弱耦合，并且认为系统温度高于 Kondo 温度[25]，因此可以采取如下的近似：

$$\begin{cases} t_L \sum_k \ll c_{kL\sigma'} \hat{O} | d_{1\sigma}^+ \gg + t_R e^{-i\phi'_\sigma} \sum_k \ll c_{kR\sigma'} \hat{O} | d_{1\sigma}^+ \gg \approx \\ \quad -\frac{i}{2} \frac{(\Gamma_L + \Gamma_R) - M\cos\phi'_{\sigma'}}{1 + \Gamma_{LR}} \ll d_{1\sigma'} \hat{O} | d_{1\sigma}^+ \gg \\ \ll c_{kL1\sigma'}^+ d_{1\sigma'} \hat{O} | d_{1\sigma}^+ \gg \approx \ll d_{1\sigma'}^+ c_{kL1\sigma'} \hat{O} | d_{1\sigma}^+ \gg \end{cases}$$

(8-6)

再通过自洽地求解相关格林函数的热力学平均，最终可以求解得到 QD-1 中的推迟格林函数，并由此进一步计算出自旋相关的透射系数及其他自旋热电效应相关物理学量。

8.2 结果讨论

在接下来的计算中，选取库仑排斥势 $U_1 = 1.0\text{meV}$ 作为能量单位，并且固定量子点内的能级 $\varepsilon_1 = -0.5\text{meV}$，假设 QD-1 和 QD-2 内的能级满足 $\varepsilon_2 < \varepsilon_1 < \varepsilon_1 + U_1 < \varepsilon_2 + U_2$，在这一情况下，两量子点之间的直接隧穿将被屏蔽。QD-2 内的自旋 $<s_2^Z>$ 作为一个从 -0.5 到 0.5 的可调解的参量处理。其他参量选取如下：$t_\text{L} = t_\text{R} = 0.04\text{meV}$（即 $\Gamma_\text{L} = \Gamma_\text{R} = 0.01U$），$t_\text{LR} = 0.01\text{meV}$，$k_\text{B}T = 0.0258\text{meV}$。

8.2.1 Heisenberg 交换作用对自旋热电效应的影响

图 8-2 是 QD-1 内自旋电导、自旋热电势和自旋热电优值在几种 QD-2 内的自旋 $<s_2^Z>$ 和 J 随着 Fermi 能变化的曲线。可以看到，在 $J \neq 0$ 且 $s_2^Z \neq 0$ 的情况下，在自旋电导 $|G_\text{s}|$ 曲线上出现了两个显著的峰和两个稍小的峰（图 8-2（a）、(b)）。QD-1 内的自旋电导将随着 $<s_2^Z>$ 增加而上升，而当 $<s_2^Z>$ 变为 0 时消失（图 8-2（a））。自旋电导中较大的峰值出现在自旋单态 $\mu = \varepsilon_1 - \frac{3}{4}J$ 和 $\mu = \varepsilon_1 + U_1 + \frac{3}{4}J$ 的位置；稍小的峰出现在自旋三重态 $\mu = \varepsilon_1 + \frac{1}{4}J$ 和 $\mu = \varepsilon_1 + U_1 - \frac{1}{4}J$ 的位置（图 8-2（b））。由于两量子点的相互作用主要是具有正值耦合强度的 Heisenberg 交换作用，而这将导致 QD-2 内的自旋分量极化 QD-1 内的电子，其作用等效于一个外加的磁场。因此，QD-1 内的能级将劈裂为自旋单态和自旋三重态。由于 $<s_2^Z>$ 为正，此时 QD-1 内，自旋单态 $\varepsilon_1 - \frac{3}{4}J$（或自旋三重态 $\varepsilon_1 + \frac{1}{4}J$）通道上，自旋向下（或自旋向上）更容易隧穿通过[26]。

由于 Pauli 不相容原理，$\varepsilon_1 + U_1$ 通道上的电子则情况相反：$G_\downarrow$ 将作为 $\varepsilon_1 - \frac{3}{4}J$ 通道上自旋电导的主要贡献，而 $G_\uparrow$ 则在 $\varepsilon_1 + U_1 - \frac{1}{4}J$ 通道上起主要作用。由于不同自旋多子、自旋少子形成的电势差不同，自旋热电势 S_s 将出现显著的增强（图 8-2（c）、(d)）。空穴和电子对电流的贡献的相互竞争将导致自旋相关的热电势出现数次变号，在其相互抵消处，自旋相关的热电势将会变成零[18,27,28]。$Z_\text{s}T$ 的绝对值将会随着 J 和 s_2^Z 的增加而上升，并在 $\mu_\text{F} = 0.59\text{meV}$ 到达最大值 1.33（图 8-2（e）、(f)）。自旋热电优值 FOM 由于 $|S_\text{s}|$ 和 $|G_\text{s}|$ 的增大而显著随着 s_2^Z 增大而上升，但是随着 J 的增强而增大的幅度较小，这是由于 J 的作用主要是使得自旋相关的电导和自旋相关的热电势在能量空间中分离。

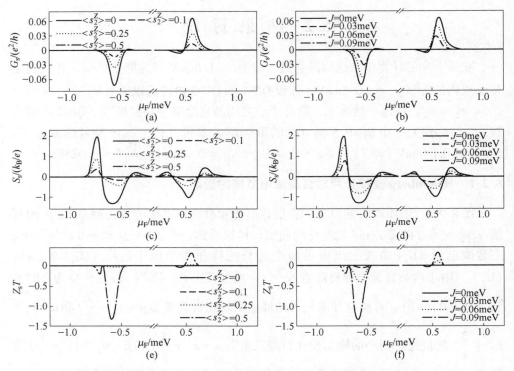

图 8-2 不同 s_2^Z（a, c, e）和不同 J（b, d, f）下自旋电导 G_s、
自旋热电势 S_s 和自旋热电优值 Z_sT 随 μ_F 的变化
（$t_L = t_R = 0.04$meV, $t_{LR} = 0.01$meV, $k_BT = 0.0258$meV,
其中（a）（c）（e）中 $J = 0.09$meV, $\phi_R = \phi_B = 0$）

8.2.2 电极间直接耦合对自旋热电效应的影响

在不考虑电极间直接耦合 t_{LR} 的情况下，自旋电导和自旋热电势的行为与一个单能级量子点中，其能级结构劈裂为自旋单态和自旋三重态的情况类似（图 8-3（a）和图 8-4（a））。仅考虑隧穿的一阶过程，QD-1 与电极之间的等效耦合强度可以写作[29]：

$$\begin{cases} \gamma_{l\sigma} = (2\pi)^{-1}(\Gamma_L + 2\Gamma_{LR} + 2M\sin\phi_\sigma) \\ \gamma_{r\sigma} = (2\pi)^{-1}(\Gamma_R + 2\Gamma_{LR} - 2M\sin\phi_\sigma) \end{cases} \qquad (8-7)$$

式（8-7）表明，在 t_{LR} 存在有限值的时候，自旋电导和自旋热电势将受到干涉效应的影响会出现不对称性。每种自旋相关的电导将会显示出典型的峰-谷的 Fano 干涉结构。在自旋相关的电导受到 Heisenberg 交换作用而在能量空间出现分离的情况下，不同自旋相关的电导的峰、谷位置将会出现自旋退简并，于是自旋电导将会出现一定程度的增强。

对自旋相关的热电势，由于干涉作用，将会出现额外的峰（图 8-4（b）~（d）），且对每一种自旋相关的热电势会有 5 次正负号的变化。结果表明，当 t_{LR} = 0.01meV 时，自旋热电势将会得到有效增强，其最大值为 1.96（k_B/e），与之对照的是当不存在电极间直接耦合（即 t_{LR} = 0）时这个数值仅有 1.16（k_B/e）（图 8-3（b）和图 8-4（b））。由于自旋电导和自旋热电势都得到了显著的增强，自旋热电优值 FOM 同样也可以得到较大增强，其最大值约为 1.33，几乎是 t_{LR} = 0meV 情况下的两倍（图 8-3（c））。因此，认为自旋热电效应将会受到 Fano 共

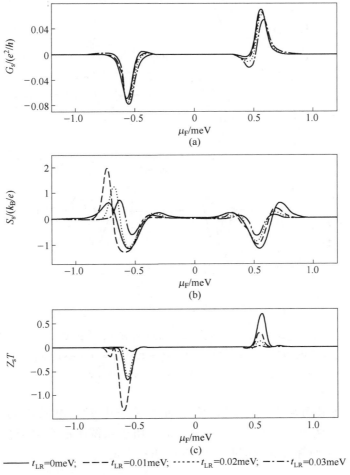

—— t_{LR}=0meV; t_{LR}=0.01meV; ······ t_{LR}=0.02meV; —·— t_{LR}=0.03meV

图 8-3　不同 t_{LR} 下自旋电导 G_s（a）、自旋热电势 S_s（b）和
自旋热电优值 Z_sT（c）随 μ_F 的变化

($t_L = t_R$ = 0.04meV, k_BT = 0.0258meV, s_2^z = 0.5, J = 0.09meV, $\phi_R = \phi_B = 0$)

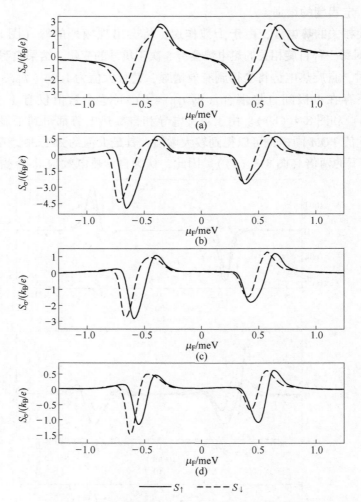

图 8-4 自旋相关的热电势 S_σ 随 μ_F 的变化

($t_L = t_R = 0.04\text{meV}$, $k_BT = 0.0258\text{meV}$, $S_2^Z = 0.5$, $J = 0.09\text{meV}$, $\phi_R = \phi_B = 0$)

(a) $t_{LR} = 0\text{meV}$; (b) $t_{LR} = 0.01\text{meV}$; (c) $t_{LR} = 0.02\text{meV}$; (d) $t_{LR} = 0.04\text{meV}$

振的影响得到显著增强,这与之前已有的关于电荷热电效应的相关工作一致[18,27,30~33]。然而,当 t_{LR} 进一步变大后,由于系统中的直接耦合是自旋无关的,S_s 和 Z_sT 反而都将受到抑制(图 8-3 (b)、(c))。

8.2.3 相位因子对自旋热电效应的影响

在电子波隧穿通过 QD-1 后,它们将会获得一个相位的变化,这一相位变化可以用单电子推迟格林函数表示[34,35]:$\phi_\sigma = \arctan\{\text{Im}\,[\,G_{11\sigma}^r(\mu_F)\,]/\text{Re}\,[\,G_{11\sigma}^r$

(μ_F)]}。对自旋单态两种自旋分量电子流的相差将达到几乎为 π 的最大值;在自旋三重态,这一最大值较小,约为 $\pi/2$(图 8-5(a))。同时,隧穿通过 QD-1 的电子与通过 A-B 环(没有量子点半环)的电子将会发生干涉,但是这种干涉所引入的相差是自旋无关的。因此电子波在经过上述干涉后,不同自旋分量之间在自旋单态和自旋三重态通道上总是有较大的相位差而不会出现干涉相消,这也在一定程度上解释了在自旋单态和自旋三重态上出现的自旋电导的峰值(图 8-5(b))。因此,由于自旋相关电导在能量空间的分离,自旋热电势也同样会出现显著的增强(图 8-5(c))。

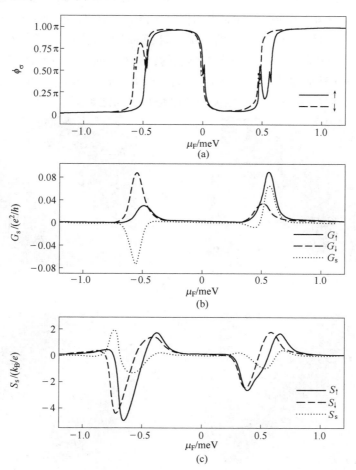

图 8-5 两种自旋电子在通过量子点后的相位 ϕ_σ(a)、自旋电导 G_s(b)和自旋热电势 S_s(c)随 μ_F 的变化

($t_L = t_R = 0.04\text{meV}$, $t_{LR} = 0.01\text{meV}$, $k_B T = 0.0258\text{meV}$,
$s_2^Z = 0.5$, $J = 0.09\text{meV}$, $\phi_R = \phi_B = 0$)

注意到哈密顿函数中隧穿相关项 H_{T1} 同时受到由 Rashba 自旋轨道耦合引入的自旋相关相位 ϕ_R 和磁通项引入的自旋无关相位 ϕ_B 的调制。因此，通过调节 ϕ_R 和 ϕ_B 的大小，可以调节每种自旋分量的电子波通过中心区域获得的相位差，于是自旋相关的电导将会出现典型的 AB 振荡的现象（图 8-6（a）、（c））：自旋相关的电导在任意 ϕ_B（ϕ_R）处将会随着 ϕ_R（ϕ_B）的增加出现周期性变化。而从式（8-7）容易知道当 $\sin(T_{L\sigma})$ 存在有限值时，总有 $T_{L\sigma} \neq T_{R\sigma}$，因此不同自旋分量的电子通过中心区域的难易程度总是不同的，而当 $T_{L\sigma} = 0$ 则相同。因此，自旋向上的电导 $G_\uparrow$ 沿着 $\phi_B = \phi_R$ 方向为常量，并在 $\phi_B = \phi_R + 2n\pi$ 达到最大值；自旋向下的电导 $G_\downarrow$ 在 $\phi_B = -\phi_R$ 方向保持常量，并在 $\phi_B = -\phi_R + 2n\pi$ 达到最大值。计算表明，对 $\mu_F = 0.6\text{meV}$ 的情况，自旋向下的电导 $G_\downarrow$ 总是小于自旋向上的电导 $G_\uparrow$，因此此时的自旋电导总是正的，并在 (ϕ_B, ϕ_R) = (0.5π, 0.5π)、(1.5π, 1.5π) 达到最大值，在 (ϕ_B, ϕ_R) = (0.5π, 1.5π)、(1.5π, 0.5π) 达到最小值（图 8-7（a））。自旋相关的热电势行为与之类似。

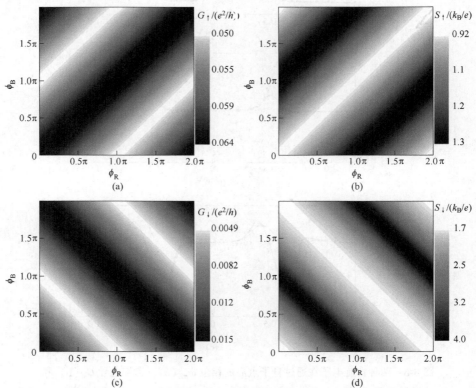

图 8-6 自旋相关的电导 G_σ（a, c）和自旋相关的热电势 S_σ（b, d）随 ϕ_R、ϕ_B 的变化
($t_L = t_R = 0.04\text{meV}$, $t_{LR} = 0.01\text{meV}$, $k_BT = 0.0258\text{meV}$,
$s_2^z = 0.5$, $J = 0.09\text{meV}$, $\mu_F = 0.6\text{meV}$)

自旋向上的自旋热电势 $S_\uparrow$ 最大值位于 $\phi_B = \phi_R + (2n+1)\pi$；自旋向下的热电势 $S_\downarrow$ 最大值则位于 $\phi_B = -\phi_R + (2n+1)\pi$（图 8-6（b）、(d)）。相对而言，自旋相关的热电势的峰较窄，因此自旋热电势的谷较自旋电导的平滑（图 8-7（b））。由于此时热电势主要来自电子的贡献，因此自旋热电势与自旋电导在这里总是符号相反。而在自旋热电势和自旋电导都存在一定程度增强的情况下，自旋热电优值 FOM 也将增强，因此自旋热电优值 FOM 的图形与自旋热电势和自旋电导类似。但是值得注意的是，由于 $Z_s T \propto S_s^2$，自旋 FOM 将更多地受到自旋热电势的调制并具有与之更为类似的结构，因此其最大值位于 $\phi_B + \phi_R = \pi + 2n\pi$，最小值位于 $\phi_B + \phi_R = 2n\pi$（图 8-7（c））。

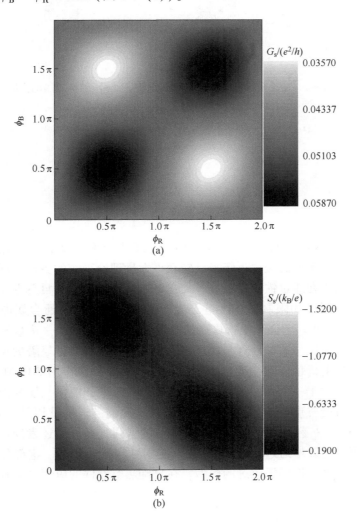

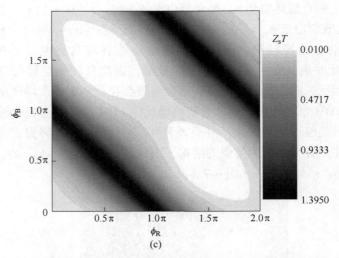

图 8-7　自旋电导 G_s（a）、自旋热电势 S_s（b）和自旋热电优值 Z_sT（c）随 ϕ_R、ϕ_B 的变化

($t_L = t_R = 0.04\text{meV}$, $t_{LR} = 0.01\text{meV}$, $k_BT = 0.0258\text{meV}$,
$s_2^Z = 0.5$, $J = 0.09\text{meV}$, $\mu_F = 0.6\text{meV}$)

8.3　本章小结

自旋 Seebeck 效应提供了一种实现电子自旋操纵的新方法。根据前期调研的情况来看，这一重要的现象近年来已经获得大量理论工作的支持。尽管如此，这些工作大多聚焦在通过铁磁材料或外加强磁场来获得系统的自旋退简并，这也许会造成实际应用中的限制。在这里，本书提出了一个与普通金属电极弱耦合的 A-B 环系统，A-B 环上嵌入平行排列的双量子点，而在其中一个量子点上施加一个较大的自旋偏压。通过计算，在理论上验证了系统将获得显著的自旋热电势和较大的自旋热电优值。这主要是由于在 Heisenberg 交换作用的影响下，QD-2 中的自旋分量等效于一个外加磁场，并使 QD-1 中的电子极化，使其内部能级出现自旋单态和自旋三重态的劈裂，从而导致自旋退简并。除此以外，在 Fano 共振干涉的辅助下，S_s 和 Z_sT 都将获得较大程度的增强。此外，还发现这样一个自旋热电效应可以有效地通过 Rashba 自旋轨道耦合和磁通调制。这部分的研究为自旋热电器件的设计提供了改进的模型，在自旋热电器件的应用中存在一定的应用潜力。

参 考 文 献

[1] Ashcroft N W, Mermin N D. Solid state physics [M]. Philadelpphia: Saunders College Publishing, 1976.

[2] Venkatasubramanian R, Siivola E, Colpitts T, et al. Thin-film thermoelectric devices with high room-temperature figures of merit [J]. Nature (London), 2001, 413: 597.

[3] Hochbaum A I, Delgado R D, Liang W, et al. Enhanced thermoelectric performance of rough silicon nanowires [J]. Nature (London), 2008, 451: 163.

[4] Harman T C, Taylor P J, Walsh M P, et al. Quantum dot superlattice thermoelectric materials and devices [J]. Science, 2002, 297: 2229.

[5] Duarte N B, Mahan G D, Tadigadapa S. Thermopower enhancement in nanowires via junction effects [J]. Nano Lett., 2009, 9: 617.

[6] Walter M, Walowski J, Zbarsky V, et al. Seebeck effect in magnetic tunnel junctions [J]. Nature Mater., 2011, 10: 742.

[7] Swirkowicz R, Wierzbicki M, Barnas J. Thermoelectric effects in transport through quantum dots attached to ferromagnetic leads with noncollinear magnetic moments [J]. Phys. Rev. B, 2009, 80: 195409.

[8] Liebing N, Serrano-Guisan S, Rott K, et al. Tunneling magnetothermopower in magnetic tunnel junction nanopillars [J]. Phys. Rev. Lett., 2011, 107: 177201.

[9] Uchida K, Takahashi S, Harii K, et al. Observation of the spin Seebeck effect [J]. Nature (London), 2008, 455: 778.

[10] Jaworski C M, Yang J, Mack S, et al. Observation of the spin-Seebeck effect in a ferromagnetic semiconductor [J]. Nature Mater., 2010, 9: 898.

[11] Uchida K, Xiao J, Adachi H, et al. Spin Seebeck insulator [J]. Nature Mater., 2010, 9: 894.

[12] Dubi Y, Di Ventra M. Thermospin effects in a quantum dot connected to ferromagnetic leads [J]. Phys. Rev. B, 2009, 79: 081302.

[13] Wierzbicki M, Swirkowicz R. Electric and thermoelectric phenomena in a multilevel quantum dot attached to ferromagnetic electrodes [J]. Phys. Rev. B, 2010, 82: 165334.

[14] Wierzbicki M, Swirkowicz R. Heat transport and thermoelectric efficiency of two-level quantum dot attached to ferromagnetic electrodes [J]. Phys. Lett. A, 2011, 375: 609.

[15] Rejec T, Zltko R, Mravlje J, et al. Spin thermopower in interacting quantum dots [J]. Phys. Rev. B, 2012, 85: 085117.

[16] Fano U. Effects of Configuration interaction on intensities and phase shifts [J]. Phys. Rev., 1961, 124: 1866.

[17] Kim T S, Hershfifield S. Thermoelectric effects of an Aharonov-Bohm interferometer with an embedded quantum dot in the Kondo regime [J]. Phys. Rev. B, 2003, 67: 165313.

[18] Trocha P, Barnasf J. Large enhancement of thermoelectric effects in a double quantum dot

system due to interference and Coulomb correlation phenomena [J]. Phys. Rev. B, 2012, 85: 085408.
[19] Kim T S, Hershfifield S. Thermopower of an Aharonov-Bohm interferometer: Theoretical studies of quantum dots in the kondo regime [J]. Phys. Rev. Lett., 2002, 88: 136601.
[20] Murphy P, Mukerjee S, Moore J. Optimal thermoelectric figure of merit of a molecular junction [J]. Phys. Rev. B, 2008, 78: 161406.
[21] Yan Y, Zhao H. Phonon interference and its effect on thermal conductance in ring-type structures [J]. J. Appl. Phys., 2012, 111: 113531.
[22] Anderson P W. Localized Magnetic States in Metals [J]. Phys. Rev., 1961, 124: 41.
[23] Petta J R, Johnson A C, Taylor J M, et al. Coherent manipulation of coupled electron spins in semiconductor quantum dots [J]. Science, 2005, 309: 2180.
[24] Meir Y, Wingreen N S. Landauer formula for the current through an interacting electron region [J]. Phys. Rev. Lett., 1992, 68: 2512.
[25] Meir Y, Wingreen N S, Lee P A. Transport through a strongly interacting electron system: Theory of periodic conductance oscillations [J]. Phys. Rev. Lett., 1991, 66: 3048.
[26] Qin L, Lu H F, Guo Y. Enhanced spin injection efficiency in a four-terminal quantum dots system [J]. Appl. Phys. Lett., 2010, 96: 072109.
[27] Trocha P, Barnasf J. Large enhancement of thermoelectric effects in a double quantum dot system due to interference and Coulomb correlation phenomena [J]. Phys. Rev. B, 2012, 85: 085408.
[28] Weymann I, Barnas J. Spin thermoelectric effects in Kondo quantum dots coupled to ferromagnetic leads [J]. Phys. Rev. B, 2013, 88: 085313.
[29] Sun Q F, Xie X C. Bias-controllable intrinsic spin polarization in a quantum dot: Proposed scheme based on spin-orbit interaction [J]. Phys. Rev. B, 2006, 73: 235301.
[30] Gomez-Silva G, Avalos-Ovando O, Ladron de Guevara M L, et al. Enhancement of thermoelectric efficiency and violation of the Wiedemann-Franz law due to Fano effect [J]. J. Appl. Phys., 2012, 111 (5): 053704.
[31] Liu Y S, Chi F, Yang X F, et al. Pure spin thermoelectric generator based on a rashba quantum dot molecule [J]. J. Appl. Phys., 2011, 109: 053712.
[32] Trocha P, Barnas J. Quantum interference and Coulomb correlation effects in spin-polarized transport through two coupled quantum dots [J]. Phys. Rev. B, 2007, 76: 165432.
[33] Zhou X F, Qi F H, Jin G J. Enhanced spin figure of merit in an Aharonov-Bohm ring with a double quantum dot [J]. J. Appl. Phys., 2014, 115: 153706.
[34] Zheng J, Chi F, Guo Y. Large spin fifigure of merit in a double quantum dot coupled to noncollinear ferromagnetic electrodes [J]. J. Phys.: Condens. Matter., 2012, 24: 265301.
[35] Alda M T, Zittartz J. Spin magnetoconductance in the mesoscopic spin-interferometer [J]. Physica E, 2005, 28: 191.

9 与非共线性铁磁电极耦合的双量子点环中的自旋热电效应

第 3 章讨论了与铁磁电极耦合的单量子点环中的自旋热电效应,由于计算方法的限制,只研究了铁磁电极极化方向平行情况下的自旋热电转换,对于反平行以及磁动量成任意角度的情况并没有讨论。相对于单量子点环结构,双量子点结构提供了更多的可调参数,被广泛应用于研究各种重要的输运现象,包括同时隧穿[1,2]、共振隧穿[3,4]、量子相变[5]以及多体关联效应[6]。对于串联双量子点系统,静电耦合串联双量子点被提出用于实现量子比特——量子计算机的基础[7]。而并联双量子点系统是研究相互作用和干涉现象的理想的人造系统。到目前为止,大多数的双量子点干涉仪结构都用于研究电荷的相干效应[8~11]。双量子点干涉仪中的自旋热电效应还没有被研究过,这也是本章的主要内容。如图 9-1 所示,本章研究与非共线性铁磁电极耦合的双量子点系统对热电转换效率的促进,主要关注铁磁电极磁矩间的夹角为不同值时的自旋热电效应。

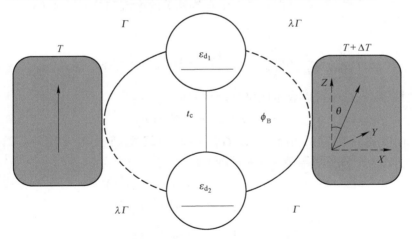

图 9-1 与非共线性铁磁电极耦合的双量子点环的结构示意图

9.1 理论模型与计算方法

双量子点干涉仪的二次量子化哈密顿量可以写成以下形式[12~14]:

$$H = \sum_\alpha H_\alpha + H_{DQD} + H_T \tag{9-1}$$

式（9-1）中的第一项 H_α 描述左（$\alpha = L$）右（$\alpha = R$）铁磁电极中无相互作用的电子：

$$H_\alpha = \sum_{k,\alpha} \varepsilon_{k\alpha\sigma} c^+_{k\alpha\sigma} c_{k\alpha\sigma} \tag{9-2}$$

式（9-1）中的第二项对应于由双量子点组成的中心区域：

$$H_{DQD} = \sum_{\sigma, i=1,2} \varepsilon_i d^+_{i\sigma} d_{i\sigma} - t_c \sum_\sigma (d^+_{1\sigma} d_{2\sigma} + \text{H. c.}) \tag{9-3}$$

式中，t_c 为两个量子点之间的隧穿耦合。

式（9-1）中的第三项描述量子点与铁磁电极间的耦合：

$$H_T = \sum_{ki\sigma} \left[V_{kLi\sigma} c^+_{kL\sigma} d_{i\sigma} + V_{kRi\sigma} (\cos\frac{\theta}{2} c^+_{kR\sigma} - \sigma \cdot \sin\frac{\theta}{2} c^+_{kR\bar\sigma}) d_{i\sigma} + \text{H. c.} \right] \tag{9-4}$$

式中，θ 为左右电极磁矩间的夹角；$V_{k\alpha i\sigma}$ 为量子点与电极间的隧穿矩阵元。

当量子点内存在 Rashba 自旋轨道耦合并且有磁通穿过 A-B 环时，隧穿耦合项将附加一个自旋相关的相位 $\sigma\phi_R$ 以及一个自旋无关的相位 φ。这时隧穿矩阵元可以写成 $V_{kL_1} e^{i(\varphi-\sigma\phi_R)/4}$，$V_{kL_2} e^{-i(\varphi-\sigma\phi_R)/4}$，$V_{kR_1} e^{-i(\varphi-\sigma\phi_R)/4}$，$V_{kR_2} e^{i(\varphi-\sigma\phi_R)/4}$。其中 $\phi_R = \phi_{R_1} - \phi_{R_2}$ 为两个量子点中 Rashba 自旋轨道耦合引起的等效相位。

利用格林函数方法可以把 α 电极中自旋相关的电流和热流写成 Landauer 方程的形式[15,16]：

$$\begin{pmatrix} J^\alpha_\sigma \\ Q^\alpha_\sigma \end{pmatrix} = \frac{1}{h} \int d\varepsilon \begin{pmatrix} e \\ \varepsilon - \mu_{\alpha\sigma} \end{pmatrix} T_\sigma(\varepsilon) [f_{L\sigma}(\varepsilon) - f_{R\sigma}(\varepsilon)] \tag{9-5}$$

透射系数 $\tau_\sigma(\varepsilon)$ 可以表示成格林函数的形式[17]：

$$\tau_\sigma = \text{Tr}\{\bm{\Gamma}^L \bm{G}^r(\varepsilon) \bm{\Gamma}^R \bm{G}^a(\varepsilon)\} \tag{9-6}$$

量子点的推迟（超前）格林函数 $G^{r(a)}(\varepsilon)$ 和线宽函数在（$|1\uparrow>$、$|1\downarrow>$、$|2\uparrow>$、$|2\downarrow>$）表象可写成 4×4 矩阵的形式：

$$\bm{G}^r = \begin{pmatrix} G^{\uparrow\uparrow r}_{11} & G^{\uparrow\downarrow r}_{11} & G^{\uparrow\uparrow r}_{12} & G^{\uparrow\uparrow r}_{12} \\ G^{\downarrow\uparrow r}_{11} & G^{\downarrow\downarrow r}_{11} & G^{\downarrow\uparrow r}_{12} & G^{\uparrow\uparrow r}_{12} \\ G^{\uparrow\uparrow r}_{21} & G^{\uparrow\downarrow r}_{21} & G^{\uparrow\uparrow r}_{22} & G^{\uparrow\downarrow r}_{22} \\ G^{\downarrow\uparrow r}_{21} & G^{\downarrow\uparrow r}_{21} & G^{\downarrow\uparrow r}_{22} & G^{\downarrow\downarrow r}_{22} \end{pmatrix} \tag{9-7}$$

矩阵元 $G^{\sigma\tau}_{ij} = \ll d_{i\sigma}; d^+_{j\sigma} \gg^r$ 可以通过运动方程 $\varepsilon \ll d_{i\sigma}; d^+_{j\sigma} \gg^r = \delta_{ij} + \ll [d_{i\sigma}, H]; d^+_{j\sigma} \gg^r$ 求解并得到如下形式：

$$(\varepsilon - \varepsilon_1) \ll d_{1\uparrow}; d^+_{1\uparrow} \gg^r = 1 + \ll \sum_n (\Sigma^L_{1\uparrow, n\uparrow} + \cos^2\frac{\theta}{2} \Sigma^R_{1\uparrow, n\uparrow} + \sin^2\frac{\theta}{2} \Sigma^R_{1\uparrow, n\downarrow}) \times$$

$$d_{n\uparrow} + \sum_n \frac{\sin\theta}{2}(\Sigma^{R\uparrow}_{1\uparrow, n\uparrow} - \Sigma^{R\downarrow}_{1\downarrow, n\uparrow})d_{n\uparrow} ; d^+_{1\uparrow} \gg^r \tag{9-8}$$

$$(\varepsilon - \varepsilon_1) \ll d_{1\downarrow} ; d^+_{1\uparrow} \gg^r = \ll \sum_n (\Sigma^{L\downarrow}_{1\downarrow, n\downarrow} + \cos^2\frac{\theta}{2}\Sigma^{R\downarrow}_{1\downarrow, n\downarrow} + \sin^2\frac{\theta}{2}\Sigma^{R\uparrow}_{1\uparrow, n\downarrow}) \times$$

$$d_{n\downarrow} + \sum_n \frac{\sin\theta}{2}(\Sigma^{R\uparrow}_{1\uparrow, n\downarrow} - \Sigma^{R\downarrow}_{1\downarrow, n\uparrow})d_{n\uparrow} ; d^+_{1\uparrow} \gg^r \tag{9-9}$$

$$(\varepsilon - \varepsilon_2) \ll d_{2\uparrow} ; d^+_{1\uparrow} \gg^r = \ll \sum_n (\Sigma^{L\uparrow}_{2\uparrow, n\uparrow} + \cos^2\frac{\theta}{2}\Sigma^{R\uparrow}_{2\uparrow, n\uparrow} + \sin^2\frac{\theta}{2}\Sigma^{R\downarrow}_{2\uparrow, n\uparrow}) \times$$

$$d_{n\uparrow} + \sum_n \frac{\sin\theta}{2}(\Sigma^{R\uparrow}_{2\uparrow, n\uparrow} - \Sigma^{R\downarrow}_{2\uparrow, n\uparrow})d_{n\uparrow} ; d^+_{1\uparrow} \gg^r \tag{9-10}$$

$$(\varepsilon - \varepsilon_2) \ll d_{2\downarrow} ; d^+_{1\uparrow} \gg^r = \ll \sum_n (\Sigma^{L\uparrow}_{2\uparrow, n\downarrow} + \cos^2\frac{\theta}{2}\Sigma^{R\downarrow}_{2\uparrow, n\downarrow} + \sin^2\frac{\theta}{2}\Sigma^{R\uparrow}_{2\uparrow, n\downarrow}) \times$$

$$d_{n\uparrow} + \sum_n \frac{\sin\theta}{2}(\Sigma^{R\uparrow}_{2\downarrow, n\uparrow} - \Sigma^{R\downarrow}_{2\downarrow, n\uparrow})d_{n\uparrow} ; d^+_{1\uparrow} \gg^r \tag{9-11}$$

式中，$\Sigma^{Rs}_{n\sigma; n'\sigma'} = \sum_k V^*_{k\beta n\sigma}V_{k\beta n'\sigma'}/(\varepsilon - \varepsilon_{k\beta s})$。利用格林函数的定义，可以把式 (9-8)~式 (9-11) 整理成：

$$[(g^r_1)^{-1} - (\Sigma^{L\uparrow}_{1\uparrow, 1\uparrow} + \cos^2\frac{\theta}{2}\Sigma^{R\uparrow}_{1\uparrow, 1\downarrow} + \sin^2\frac{\theta}{2}\Sigma^{R\downarrow}_{1\uparrow, 1\uparrow})]G^{\uparrow\uparrow r}_{11} -$$

$$\frac{\sin\theta}{2}(\Sigma^{R\uparrow}_{1\uparrow, 1\uparrow} - \Sigma^{R\downarrow}_{1\uparrow, 1\uparrow})G^{\downarrow\uparrow r}_{11} - (\Sigma^{L\uparrow}_{1\uparrow, 2\uparrow} + \cos^2\frac{\theta}{2}\Sigma^{R\uparrow}_{1\uparrow, 2\uparrow} +$$

$$\sin^2\frac{\theta}{2}\Sigma^{R\downarrow}_{1\uparrow, 2\uparrow})G^{\uparrow\uparrow r}_{21} - \frac{\sin\theta}{2}(\Sigma^{R\uparrow}_{1\uparrow, 2\uparrow} - \Sigma^{R\downarrow}_{1\uparrow, 2\uparrow})G^{\downarrow\uparrow r}_{21} = 1 \tag{9-12}$$

$$-\frac{\sin\theta}{2}(\Sigma^{R\uparrow}_{1\uparrow, 1\uparrow} - \Sigma^{R\downarrow}_{1\downarrow, 1\uparrow})G^{\uparrow\uparrow}_{11} + [(g^r_1)^{-1} - (\Sigma^{L\downarrow}_{1\downarrow, 1\downarrow} + \cos^2\frac{\theta}{2}\Sigma^{R\downarrow}_{1\downarrow, 1\downarrow} +$$

$$\sin^2\frac{\theta}{2}\Sigma^{R\uparrow}_{1\downarrow, 1\downarrow})]G^{\downarrow\uparrow}_{11} - \frac{\sin\theta}{2}(\Sigma^{R\uparrow}_{1\downarrow, 2\uparrow} - \Sigma^{R\downarrow}_{1\downarrow, 2\uparrow})G^{\uparrow\uparrow}_{21} +$$

$$(\Sigma^{L\downarrow}_{1\downarrow, 2\downarrow} + \cos^2\frac{\theta}{2}\Sigma^{R\downarrow}_{1\downarrow, 2\downarrow} + \sin^2\frac{\theta}{2}\Sigma^{R\uparrow}_{1\downarrow, 2\downarrow})G^{\downarrow\uparrow}_{21} = 0 \tag{9-13}$$

$$(\Sigma_{2\uparrow,1\uparrow}^{L} + \cos^2\frac{\theta}{2}\Sigma_{2\uparrow,1\uparrow}^{R} + \sin^2\frac{\theta}{2}\Sigma_{2\downarrow,1\uparrow}^{R})G_{11}^{\uparrow\uparrow r} - \frac{\sin\theta}{2}(\Sigma_{2\uparrow,1\uparrow}^{R} -$$

$$\Sigma_{2\uparrow,1\uparrow}^{R\downarrow})G_{11}^{\downarrow\uparrow r} - [(g_2^r)^{-1} - (\Sigma_{2\uparrow,2\uparrow}^{L} + \cos^2\frac{\theta}{2}\Sigma_{2\uparrow,2\uparrow}^{R} +$$

$$\sin^2\frac{\theta}{2}\Sigma_{2\downarrow,2\uparrow}^{R}]G_{21}^{\uparrow\uparrow r} - \frac{\sin\theta}{2}(\Sigma_{2\uparrow,2\uparrow}^{R} - \Sigma_{2\downarrow,2\uparrow}^{R})G_{21}^{\downarrow\uparrow r} = 1 \qquad (9\text{-}14)$$

$$-\frac{\sin\theta}{2}(\Sigma_{2\downarrow,1\uparrow}^{R} - \Sigma_{2\downarrow,1\uparrow}^{R})G_{11}^{\uparrow\uparrow} -$$

$$(\Sigma_{2\downarrow,1\downarrow}^{L} + \cos^2\frac{\theta}{2}\Sigma_{2\downarrow,1\downarrow}^{R} + \sin^2\frac{\theta}{2}\Sigma_{2\uparrow,1\downarrow}^{R})G_{21}^{\uparrow\uparrow} -$$

$$\frac{\sin\theta}{2}(\Sigma_{2\downarrow,2\uparrow}^{R} - \Sigma_{2\downarrow,2\uparrow}^{R})G_{21}^{\uparrow\uparrow} + [(g_2^r)^{-1} - (\Sigma_{2\downarrow,2\downarrow}^{L} +$$

$$\cos^2\frac{\theta}{2}\Sigma_{2\downarrow,2\downarrow}^{R} + \sin^2\frac{\theta}{2}\Sigma_{2\uparrow,2\downarrow}^{R})]G_{21}^{\downarrow\uparrow} = 0 \qquad (9\text{-}15)$$

最终总的格林函数可写成 Dyson 方程的形式：

$$G^{r(a)}(\varepsilon) = g^{r(a)}(\varepsilon) + g^{r(a)}(\varepsilon)\Sigma^{r(a)}G^{r(a)}(\varepsilon) \qquad (9\text{-}16)$$

式中，$g^{r(a)}(\varepsilon)$ 为不与电极耦合的孤立双量子点的格林函数，同样可以表示成一个 4×4 的矩阵：

$$\gamma^{r(a)}(\varepsilon) = \begin{pmatrix} (\varepsilon-\varepsilon_1)^{-1} & t_c^{-1} & 0 & 0 \\ t_c^{-1} & (\varepsilon-\varepsilon_1)^{-1} & 0 & 0 \\ 0 & 0 & (\varepsilon-\varepsilon_2)^{-1} & t_c^{-1} \\ 0 & 0 & t_c^{-1} & (\varepsilon-\varepsilon_2)^{-1} \end{pmatrix} \qquad (9\text{-}17)$$

式（9-16）中的延迟（超前）自能 $\Sigma^{r(a)} = \mp i(\Gamma^L + \Gamma^R)/2$，矩阵 Γ^α 由以下两式给出：

$$\Gamma^L = \begin{pmatrix} \Gamma_{11}^L & \sqrt{\lambda}\Gamma_{12}^L \\ \sqrt{\lambda}\Gamma_{21}^L & \lambda\Gamma_{22}^L \end{pmatrix} \qquad (9\text{-}18)$$

$$\Gamma^L = \begin{pmatrix} \lambda\Gamma_{11}^L & \sqrt{\lambda}\Gamma_{12}^R \\ \sqrt{\lambda}\Gamma_{21}^R & \Gamma_{22}^R \end{pmatrix} \qquad (9\text{-}19)$$

式中，λ 为非对称因子，$\lambda=1$ 时两个量子点为并联；$\lambda=0$ 时两个量子点为串联；当 $0<\lambda<1$ 时，电子通过双量子点系统会发生 Fano 共振。式（9-18）、式（9-19）中的 Γ_{ij}^α 是 2×2 子矩阵可以表示成：

$$\Gamma_{ij}^L = \begin{pmatrix} \Gamma_{i\uparrow j\uparrow}^{L} & 0 \\ 0 & \Gamma_{i\downarrow j\downarrow}^{L} \end{pmatrix} \qquad (9\text{-}20)$$

$$\Gamma_{ij}^{R} = \begin{pmatrix} \cos^2\frac{\theta}{2}\Gamma_{i\uparrow j\uparrow}^{R\uparrow} + \sin^2\frac{\theta}{2}\Gamma_{i\uparrow j\uparrow}^{R\downarrow} & \frac{\sin\theta}{2}(\Gamma_{i\uparrow j\downarrow}^{R\uparrow} - \Gamma_{i\uparrow j\downarrow}^{R\downarrow}) \\ \frac{\sin\theta}{2}(\Gamma_{i\downarrow j\uparrow}^{R\uparrow} - \Gamma_{i\downarrow j\uparrow}^{R\downarrow}) & \sin^2\frac{\theta}{2}\Gamma_{i\downarrow j\downarrow}^{R\uparrow} + \cos^2\frac{\theta}{2}\Gamma_{i\downarrow j\downarrow}^{R\downarrow} \end{pmatrix} \quad (9\text{-}21)$$

式中, $\Gamma_{i\sigma j\sigma}^{\alpha\uparrow(\downarrow)} = 2\pi(1 \pm p)\sum_{k\in\alpha} V_{k\beta i\sigma}^* V_{k\beta j\sigma}\delta(\varepsilon - \varepsilon_{k\alpha\sigma})$。电极的铁磁性由电极中的自旋极化参数 p_α 表示，在计算中我们令 $p_L = p_R = p$。因此 $\theta = 0$ 或 $\theta = \pi$ 分别对应于电极的磁矩平行或反平行的结构。

在线性响应条件下对式（9-5）中的费米函数做级数展开可得到：

$$\begin{pmatrix} J_\sigma \\ Q_\sigma \end{pmatrix} = \begin{pmatrix} \frac{2e^2}{h}K_{0\sigma} & -\frac{2e}{hT}K_{1\sigma} \\ -\frac{2e}{hT}K_{1\sigma} & \frac{2}{hT}K_{2\sigma} \end{pmatrix} \begin{pmatrix} \Delta V_\sigma \\ \Delta T \end{pmatrix} \quad (9\text{-}22)$$

式中, $K_{n\sigma} = \int d\omega(-\partial f/\partial\omega)(\omega - \mu_0)^n \tau_\sigma(\omega)$。在此把自旋电导 G_s、热电势 S_s 以及电子热导 κ_{el} 定义成 $G_s = (e^2/h)[K_{0\uparrow}(\mu, T) - K_{0\downarrow}(\mu, T)]$、$S_s = (1/2)[S_\uparrow(\mu, T) - S_\downarrow(\mu, T)]$、$\kappa_{el} = \kappa_{el\uparrow} + \kappa_{el\downarrow}$。最终可以求解出自旋优值系数 $Z_s T = S_s^2 |G_s| T/\kappa_{el}$。

9.2 结果讨论

9.2.1 磁矩夹角和自旋轨道耦合均为零时的热电参数

在数值计算中，假定量子点与电极间的耦合强度相同，令 $\Gamma = 2\pi\sum_{k\in\alpha} V_{k\beta i\sigma}^* V_{k\beta j\sigma}\delta(\varepsilon - \varepsilon_{k\alpha\sigma}) = 1$ 为能量单位。由于两个量子点内能级大小不同对本章的主要结果没有影响，在计算中选取相等的量子点能级（$\varepsilon_1 = \varepsilon_2 = \varepsilon_d$），系统温度 T 固定为 0.026，其他参数选为 $\mu = 0$、$t_c = 1$、$\lambda = 0.3$。

首先讨论左右电极磁矩夹角 θ 和自旋轨道相互作用都为零时的自旋热电效应。如图9-2（a）所示，与电极非对称耦合的双量子点系统的自旋电导由出现在分子束缚态区域的 Breit-Wigner 峰和出现在反束缚态附近的 Fano 共振峰组成，这个结果与之前的一些工作报道相同[17~19]。Fano 效应是量子点内的离散态与电极内的连续态间的干涉作用引起的。从图中可以看出，不同自旋取向电子的电导峰对应的能量位置不同，但是 Fano 谷都位于相同的能量态 $\varepsilon_d = -t_c(1 + \lambda)/2\sqrt{\lambda}$。我们假设自旋向上的电子为左右电极的主要载流子，即 $\rho_{L\uparrow} + \rho_{R\uparrow} > \rho_{L\downarrow} + \rho_{R\downarrow}$，

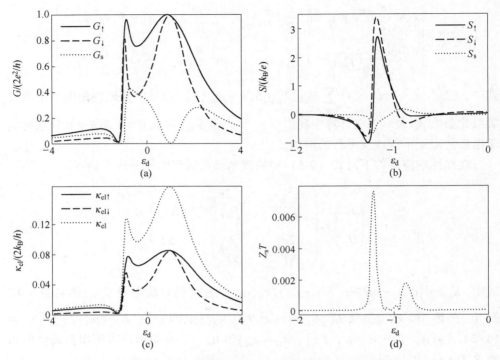

图 9-2　自旋相关和自旋电导（a）、热电势（b）、电子热导（c）和自旋优值系数（d）与量子点能级 ε_d 的依赖关系

($p = 0.3$, $\Gamma = t_c = 1$, $\lambda = 0.3$, $\theta = \phi_R = \varphi = 0$)

因此自旋向上电子对应的线宽函数大于自旋向下电子的线宽函数（$\Gamma_{\alpha\uparrow} > \Gamma_{\alpha\downarrow}$）。因此自旋向上电子的隧穿增强,自旋向下电子的输运受到抑制,从而产生自旋电导。

图 9-2（b）给出了自旋相关的塞贝克系数 S_σ 和自旋塞贝克系数 S_s 随量子点能级的变化。从数值计算结果可以看出自旋相关的塞贝克系数 S_σ 在 Breit-Wigner 共振区域时的值非常小,但是在反共振态区域会出现相当大的 S_σ 值。在反共振态附近,自旋相关的塞贝克系数的符号将发生改变,并且在 Fano 谷两侧能够达到最大值和最小值。由于隧穿谱中的 Fano 共振不对称,所以 $S_\sigma^{\max} \neq S_\sigma^{\min}$,这表明 Fano 谷附近的电子和空穴的热输运不同。自旋向上和向下的电子对应不同的透射系数,因此 $S_\uparrow$ 和 $S_\downarrow$ 互不相等,量子点分子中的自旋塞贝克系数 S_s 为有限值。如图 9-2（a）所示自旋向下的电导值小于自旋向上的电导值。为了抵消作用于载流子的热力以达到电流为零的条件,需要对电导值小的情况施加较大的偏压,引起较大的热电势。因此 $|S_\downarrow|$ 的最大值大于 $|S_\uparrow|$ 的最值。尽管对于自旋向上和自旋向下的塞贝克系数在 Fano 效应的作用下在 Fano 谷附近明显

增大，但是由于不同的自旋取向的 Fano 谷的曲线相互交叠，自旋向上和向下塞贝克系数的最大值处于相同的能量态，两个较大的值相减使得自旋塞贝克系$|S_s|$的值相对较小。

从图 9-2（c）可以看出，热导同样可以呈现典型的 Fano 效应，曲线中出现明显的反共振。因为在低温时热导与电导的函数都正比于投射系数 $\tau_\sigma(\varepsilon)$，所以热导曲线的走势与电导的线形基本相同。两者曲线的明显区别在于，热导曲线在电导曲线的 Fano 谷位置出现一个小的峰。这个峰的出现是由于左右能级存在温度差，反共振态时电子荷载的能量与空穴荷载的能量不同，不能像电子和空穴产生的电流一样彼此抵消。求解出自旋电导、自旋塞贝克系数、自旋热导随量子点能级的变化规律，便能了解自旋优值系数的相应性质。图 9-2（d）给出了自旋优值系数随量子能级的变化规律。从图中可以看出 Z_sT 的曲线由两个峰组成，这两个峰对应于自旋塞贝克系数的两个峰值，Z_sT 曲线的谷对应于 $S_s = 0$ 的能量态。由于 G_s、S_s 和 κ_{el} 的曲线不对称，所以 Z_sT 曲线的两个峰的高度不等。较高的峰出现在电子热导被抑制的反束缚态。值得注意的是，当只考虑铁磁电极影响时得到的 Z_sT 值非常小，其最大值只有 0.008。

接下来讨论 Rashba 自旋轨道耦合以及磁通对与铁磁电极耦合的双量子点环的热电性质的影响。当有自旋轨道相互作用或磁通存在时，透射系数不仅仅和铁磁电极的极化强度相关，还与相位因子有关，式（9-6）可以表示成：

$$\tau_\sigma(\varepsilon) = \frac{4\Gamma^2(1+\sigma\rho)^2}{\Omega(\varepsilon)}\left[\left(\frac{1+\lambda}{2}\right)t_c - \sqrt{\lambda}(\varepsilon-\varepsilon_d)\cos\frac{\phi_\sigma}{2}\right]^2$$

$$\Omega(\varepsilon) = \left[(\varepsilon-\varepsilon_d)^2 - t_c^2 - \frac{(1-\lambda)^2}{4}\Gamma^2(1+\sigma\rho)^2 - \lambda\Gamma^2(1+\sigma\rho)^2\sin^2\frac{\phi_\sigma}{2}\right]^2 +$$

$$4\Gamma^2(1+\sigma\rho)^2\left[\sqrt{\lambda}t_c\cos\frac{\phi_\sigma}{2} - \frac{1+\lambda}{2}(\varepsilon-\varepsilon_d)\right]^2 \tag{9-23}$$

当 $\phi_\sigma = \varphi - \sigma\phi_R$ 从 0 增大到 $2n\pi$（$n = 1, 2, 3, \cdots$），隧穿谱中的 Fano 谷位置遵循 $\varepsilon_d = \sec\left(\frac{\phi_\sigma}{2}\right)t_c(1+\lambda)/2\sqrt{\lambda}$ 从反束缚态移动到束缚态。当 $\phi_\sigma = n\pi$ 时，由于反束缚态完全与电极脱离，Fano 共振谷消失。自旋轨道耦合与磁通共同存在且 $\phi_R(\varphi) \neq 2\pi$ 时，不同自旋取向的总的累积相位不同，$\phi_{\uparrow(\downarrow)} = \varphi \mp \phi_R$，因此自旋向上和向下电导对应的 Fano 谷的位置不再交叠。尤其是对于 $\phi_R = \varphi = \pi$ 的情况，自旋向下电导的 Fano 峰与 Breit-Wigner 峰的位置彼此交换，然而自旋向上电导的曲线保持不变，对比图 9-2（a），此时自旋向下电导谱对应的 Fano 谷移至 $\varepsilon_d = t_c(1+\lambda)/2\sqrt{\lambda}$。因此自旋电导 G_s 的线形明显改变，G_s 的绝对值的大小在束缚态与（反束缚态）附近明显增加。

从图 9-3（b）可以看出热电势的特性取决于相位因子。自旋向上的热电势

$S_\uparrow$ 与图 9-2（b）相同，但是自旋向下的热电势 $S_\downarrow$ 与图 9-2（b）中代表自旋向下的曲线呈镜面对称。$S_\downarrow$ 的最大值依然出现在电导 $G_\downarrow$ 的 Fano 谷附近。然而，正如之前讨论过的，存在自旋轨道耦合时不同自旋取向的 Fano 谷的位置不再重合，$|S_\uparrow|$ 和 $|S_\downarrow|$ 的峰在能量空间分离，从而引起自旋热电势的明显增加。从式（9-13）容易看出 S_σ 是 $\cos(\varphi - \sigma\phi_R)$ 的函数，因此可以通过调节自旋轨道耦合或磁通的强度调节自旋热电势 S_s 的符号和大小。

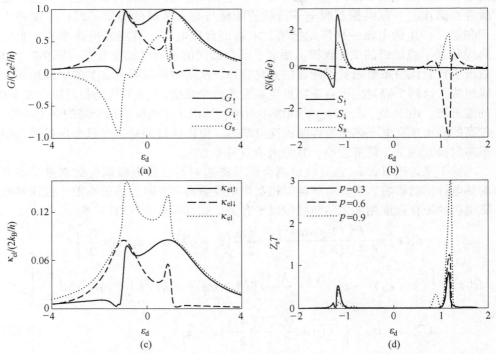

图 9-3 $p=0.3$，$\phi_R=\varphi=\pi/2$ 时，自旋相关和自旋电导（a）、热电势（b）和电子热导（c）与量子点能级 ε_d 的依赖关系以及 p 取不同值时，自旋优值系数 Z_sT 随量子点能级 ε_d 的变化（d）

9.2.2 极化强度对自旋热电参数的影响

下面讨论铁磁电极的极化强度对自旋热电转换的影响。增大电极的极化强度 p，引起自旋电导和自旋热电势的增加，因此 Z_sT 的值也随之增加。当铁磁电极的材料为镍时，自旋优值系数的最大值能够达到 0.9，这个值比图 9-2（d）中得到的最值大两个数量级。需要指出的是，自旋轨道耦合强度为零时 Z_sT 的最值的主要贡献源自热导的抑制，但对于现在所考虑的自旋轨道耦合不为零的情况，自

旋优值系数 Z_sT 的增大主要是由于自旋热电势的明显增加。所以从图 9-3（c）中可以看出 Z_sT 的最值并不正好对应于热导的最小值。随着极化强度 p 的增大，右侧峰的高度明显增加，然而左侧峰的高度随之降低，峰之间的不对称性变得更加明显。这是因为随着电极的极化强度增加，自旋多子电子能带被抑制，自旋少子电子能带增加。自旋向下电导相应变小，自旋向上电导增大。如前文所述，低电导能够引起较大的热电势。

如图 9-3（b）所示，对于 $\varepsilon_d > 0$（$\varepsilon_d < 0$）区域，自旋向上（向下）电子对热导的贡献很小。因此，Z_sT 曲线中主要取决于自旋向下（向上）电子的右（左）侧峰值随着 p 值的增大单调增加。实验上已经实现大小能级可控的半导体量子点与多种类型铁磁电极耦合（例如，镍钴电极）[20~22]。并且在理想情况下，可以假设完全自旋极化，例如在一些半金属铁磁体中 $p \approx 1$，在这种情况下 Z_sT 值预期能超过 3。

9.2.3 磁矩夹角和极化强度对自旋优值系数的影响

以上所讨论的结果都是在左右电极极化方向平行的条件下。接下来讨论极化强度为固定值时（$p = 0.3$），左右电极磁矩间的夹角 θ 对热电性质的影响。图9-4（a）中给出了 θ 取不同值时，自旋优值系数 Z_sT 随量子点能级的变化。从图中可以看出当 θ 从 0 增大到 π 时，自旋向下的电导和自旋向上的塞贝克系数增大，自旋向上的电导和自旋向下的塞贝克系数减小。因此对于正能量态区域 Z_sT 的值随着 θ 角的增加单调递减，对于负能量态区域 Z_sT 的值随着 θ 角的增大而增大。$\theta = \pi$ 时，两个电极的磁矩反平行。在这种情况下如果自旋轨道耦合相位 $\phi_R = 0$，两个电极有效交换场的补偿使得电极中自旋向上和向下电子的态密度相等，即 $\rho_{L\uparrow} + \rho_{R\uparrow} = \rho_{L\downarrow} + \rho_{R\downarrow}$。于是不同自旋分量的热电参量的值相同，导致自旋塞贝克效应消失。引入自旋轨道耦合或者磁通以后，电极极化方向反平行时的透射系数可以表示成：

$$\tau_\sigma(\varepsilon) = \frac{4\Gamma^2(1-p^2)}{\Omega(\varepsilon)}\left[\left(\frac{1+\lambda}{2}\right)t_c - \sqrt{\lambda}(\varepsilon - \varepsilon_d)\cos\frac{\phi_0}{2}\right]^2$$

$$\Omega(\varepsilon) = \left[(\varepsilon - \varepsilon_d)^2 - t_c^2 - \frac{(1-\lambda)^2}{4}\Gamma^2(1-p^2) - \lambda\Gamma^2(1-p^2)\sin^2\frac{\phi_\sigma}{2}\right]^2 +$$
$$4\Gamma^2(1-p^2)\left[\sqrt{\lambda}\,t_c\cos\frac{\phi_\sigma}{2} - \frac{1+\lambda}{2}(\varepsilon - \varepsilon_d)\right]^2$$

(9-24)

从式（9-22）可以看出，任意自旋取向的透射系数只与电极的极化强度相关，而与电极的极化方向无关。由于电导在低温下正比于透射系数，所以容易看出电导随着极化强度的增强而降低，如图 9-4（b）所示，自旋优值系数随着 p 的增加单调递增。对于电极磁矩反平行的情况,由于极化方向不影响透射系数,因此对于不同的 p 值 Z_sT 曲线中的两个峰大小相同。值得注意的是,与图 9-2(d)得到的结论相比,电极磁矩反平行时自旋优值系数也会随着极化强度的增强而增大,但是增大的程度很有限。

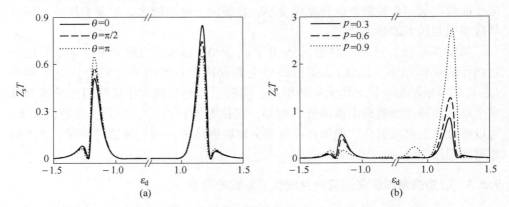

图 9-4 $p=0.3$,左右电极磁矩间夹角 θ 取不同值时(a)和 p 取不同值且电极极化方向反平行时(b),自旋优值系数随量子点能级的变化

9.3 本章小结

本章讨论了与非共线性铁磁电极耦合的双量子点系统的自旋热电效应。发现热电效率与 RSO 效应以及电极间的磁矩夹角有密切关系。对于电极极化方向平行的结构($\theta=0$),当 Rashba 自旋轨道耦合存在时增大极化强度 p,自旋优值系数能够达到 3。Z_sT 值随着电极自旋磁矩间夹角的增大而降低;对于磁矩反平行的结构($\theta=\pi$),当 $\phi_R=0$ 时由于两个铁磁电极有效交换场的补偿作用,自旋塞贝克效应消失。当 RSO 耦合存在时,自旋优值系数会随着极化强度 p 的增加而增大,但此时 Z_sT 值的增大程度明显小于铁磁电极极化方向平行的结构。

参 考 文 献

[1] Akera H. Aharonov-Bohm effect and electron correlation in quantum dots [J]. Phys. Rev., 1993, B47: 6835.

[2] Loss D, Sukhorukov E V. Probing entanglement and nonlocality of electrons in a double-dot via transport and noise [J]. Phys. Rev. Lett., 2000, 84: 1035.

[3] Kubala B, Konig J. Flux-dependent level attraction in double-dot Aharonov-Bohm interferometers [J]. Phys. Rev., 2002, B65: 245301.

[4] Shahbazyan T V, Raikh M E. Two-channel resonant tunneling [J]. Phys. Rev., 1994,

B49: 17123.

[5] Hofstetter W, Schoeller H. Quantum phase transition in a multilevel dot [J]. Phys. Rev. Lett., 2002, 88: 16803.

[6] Boese D, Hofstetter W, Schoeller H. Interference and interaction effects in multilevel quantum dots [J]. Phys. Rev., 2002, B64: 125309.

[7] van der Wiel W G, Franceschi S De, Elzerman J M, et al. Electron transport through double quantum dots [J]. Rev. Mod. Phys., 2003, 75: 1.

[8] Cho S Y, McKenzie R H, Kang K, et al. Magnetic polarization currents in double quantum dot devices [J]. J. Phys. Condens. Matter., 2003, 15: 1147.

[9] Ladron de Guevara M L, Claro F, Orellanal P A. Ghost Fano resonance in a double quantum dot molecule attached to leads [J]. Phys. Rev., 2003, B67: 195335.

[10] Orellana P A, Ladron de Guevara M L, Claro F. Controlling Fano and Dicke effects via a magnetic flux in a two-site Anderson model [J]. Phys. Rev., 2004, B70: 233315.

[11] Bai Z M, Yang M F, Chen Y C. Effect of inhomogeneous magnetic flux on double-dot Aharonov-Bohm interferometer [J]. J. Phys. Condens. Matter., 2004, 16: 2053.

[12] Sergueev N, Sun Q F, Guo H, et al. Spin-polarized transport through a quantum dot: Anderson model with on-site Coulomb repulsion [J]. Phys. Rev., 2002, B65: 165303.

[13] Sun Q F, Wang J, Guo H. Quantum transport theory for nanostructures with Rashba spin-orbital interaction [J]. Phys. Rev., 2005, B71: 165310.

[14] Chi F, Bai X F, Huang L, et al. Spin-dependent transport in a Rashba ring connected to non-collinear ferromagnetic leads [J]. J. Appl. Phys., 2002, 108: 073702.

[15] Buttiker M. Four-terminal phase-coherent conductance [J]. Phys. Rev., Lett., 1987, 57: 1761.

[16] Meir Y, Wingreen N S. Landauer formula for the current through an interacting electron region [J]. Phys. Rev. Lett., 1992, 68: 2512.

[17] Lu H Z, Lu R, Zhu B F. Fano effect through parallel-coupled double Coulomb islands [J]. J. Phys. Condens. Matter., 2006, 18: 8961.

[18] Lu H Z, Lu R, Zhu B F. Tunable Fano effect in parallel-coupled double quantum dot system [J]. Phys. Rev., 2005, B71: 235320.

[19] Trocha P, Barnás J. Large enhancement of thermoelectric effects in a double quantum dot system due to interference and Coulomb correlation phenomena [J]. Phys. Rev., 2012, B85: 085408.

[20] Hamaya K, Masubuchi S, Kawamura M, et al. Spin transport througha single self-assembled InAs quantum dot with ferromagnetic leads [J]. Appl. Phys. Lett., 2007, 90: 053108.

[21] Hamaya K, Kitabatake M, Shibata K, et al. Electric-field control of tunneling magnetoresistance effect in a Ni/InAs/Ni quantum-dot spin valve [J]. Appl. Phys. Lett., 2007, 91: 022107.

[22] Hamaya K, Kitabatake M, Shibata K, et al. Oscillatory changes in the tunneling magnetoresistance effect in semiconductor quantum-dot spin valves [J]. Phys. Rev., 2008, B77: 081302 (R).

10 四端口量子点环中的电荷和自旋 Nernst 效应

纵观可能应用于自旋电子学器件的物理效应，自旋热电效应作为同时关联电子自旋自由度和温度梯度影响的效应，在最近几年得到了广泛的关注[1]。以自旋 Seebeck 效应在铁磁金属电极中的发现为代表，在该领域大量的物理发现极大激发了这一领域的发展。与利用温差产生电荷流的 Seebeck 效应类似，自旋 Seebeck 效应描述的是利用温差产生自旋电流或自旋电势差。这一显著效应提供了一种新的实现自旋操纵的方法，具有用于产生自旋流的自旋电子学器件中的应用潜力。除了在铁磁金属中的研究[1,2]，人们也在铁磁绝缘体[3,4]和铁磁半导体[5~7]中发现了自旋 Seebeck 效应。

对于多端器件，存在着名为电荷或自旋 Nernst 效应这一特有的热电效应：电流或自旋流在垂直于温度梯度的方向产生。在自旋 Nernst 效应在实验上被证实后[8]，人们在多种材料中研究了这一效应。比如，Choiniere 等人[9]在高温超导体中开展了针对 Nernst 效应的理论研究，并发现金属材料中的 Nernst 效应对两种相变高度敏感：超导相变和密度波相变；此外，Nernst 效应能由于费米面重整化而引起的电荷或自旋序得到有效的增强。Checkelsky 等人[10]通过实验研究了磁场下石墨烯中的 Nernst 效应，发现 Nernst 系数在磁场条件下随着门电压的变化出现强烈的量子振荡，这一现象在狄拉克点附近将得到极大的增强。Tauber 等人[11]则理论计算理想晶体中替代式杂质对电子自旋散射引起的 Nernst 效应，发现可以通过改变杂质的类型来调制自旋电流的极化方向和大小，甚至自旋电流的流向也依赖于杂质。

纳米结构中的热电效应受到如此的关注，主要是因为相比起体材料，在低维结构中能获得更高的热电转换效率[12~14]，基于此，Stark 等人[15]理论上提出了一种基于量子霍尔效应边缘态的 Nernst 热机。作为零维结构，量子点被学者们认为，在利用废热以获得电能的热电转换器件的研制中具有很高的潜力。因此，量子点系统中的电荷和自旋 Seebeck 效应被人们大量地研究[16~23]。据作者所知，关于自旋 Nernst 效应在量子点系统中的研究目前仍然比较有限。

本章节从理论上研究如图 10-1 所示的四端口量子点环系中的电荷和自旋 Nernst 效应。端口 1 和端口 3 中的温度分别为 $T + \Delta T/2$ 和 $T - \Delta T/2$，其中 T 是系统处于平衡态的温度，而 ΔT 则是两端口的温度差，并且沿着温差的方向，在系统中引入了温度梯度 ΔT。研究发现，自旋或者电荷 Nernst 效应当且仅当 Rashba 自旋轨道耦合强度不为零（$\phi_R \neq 0$）或磁通不为零（$\phi_B \neq 0$）才存在；对于 $\phi_R \neq 0$ 且 $\phi_B = 0$ 的情况，端口 2 和端口 4 之间将会自发产生纯的自旋 Nernst 效应，而这一现象的出现不受外磁场或铁磁端口的限制；对于 $\phi_R = 0$ 且 $\phi_B \neq 0$ 的情况，自旋 Nernst 系数变为零，而电荷 Nernst 系数将具有有限值；当系统中同时受到 Rashba 自旋轨道耦合和磁通的影响时（即 $\phi_R \neq 0$ 且 $\phi_B \neq 0$），系统中自旋和电荷 Nernst 效应共存，而当 $\phi_R = \phi_B = n\pi/4$（$n = 1, 2, 3, \cdots$）时，系统中仅存在自旋向下的 Nernst 系数，即自旋向下的电流将从端口 2 中流出，而同时自旋向上的电流则沿着相反方向从端口 4 流出。最后，发现自旋和电荷的 Nernst 效应将受到点内库仑排斥作用的影响被同时增强，此时的 Nernst 系数几乎是没有库仑排斥作用情况下的两倍。

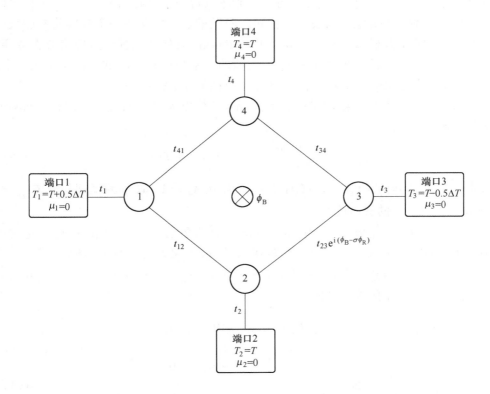

图 10-1　四个量子点分别耦合四个端口形成的量子点环系统示意图
（端口 1、3 中的温度分别为 $T_1 = T + \Delta T/2$、$T_3 = T - \Delta T/2$，
系统的平衡态温度为 $T = 0.01\Gamma$）

10.1 理论方法与计算公式

系统的哈密顿量可以写作如下形式[24~26]：

$$H = \sum_{k,\sigma,i} \varepsilon_{ki} c_{ki\sigma}^{+} c_{ki\sigma} + \sum_{i,\sigma} \varepsilon_i d_{i\sigma}^{+} d_{i\sigma} + U d_{i\uparrow}^{+} d_{i\uparrow} d_{i\downarrow}^{+} d_{i\downarrow} +$$
$$\sum_{\sigma} t_{12} d_{1\sigma}^{+} d_{2\sigma} + t_{23} e^{-i\sigma\phi_R} e^{i\phi_B} d_{2\sigma}^{+} d_{3\sigma} + t_{34} d_{3\sigma}^{+} d_{4\sigma} +$$
$$t_{41} d_{4\sigma}^{+} d_{1\sigma} + \sum_{k,\sigma,i} (t_{ii} c_{ki\sigma}^{+} d_{i\sigma} + \text{H.c.}) \tag{10-1}$$

式中，$c_{ki\sigma}^{+}$（$c_{ki\sigma}$）为端口 i 中带有动量 k、能量 ε_{ki} 和自旋 σ 的电子产生（湮灭）算符；$d_{i\sigma}^{+}$（$d_{i\sigma}$）为量子点 i 中能级 ε_i、自旋 σ 的电子产生（湮灭）算符；t_{ij} 和 t_{ii} 分别为量子点-量子点和量子点-端口之间的隧穿耦合项；Rashba 自旋轨道耦合存在两个效应[24,25]：(1) 电子在输运过程中获得一个自旋相关的相位；(2) 量子点内不同能级上的电子出现自旋翻转。假设量子点仅存在一个自旋简并能级，因此点内的自旋反转效应可以忽略，并且 Rashba 自旋轨道耦合效应将会在隧穿项中引入一个额外的相位因子 $\sigma\phi_R$，类似的，系统中穿过的磁通也将引入一个自旋无关的相位 $\phi_B = 2\pi\Phi/\Phi_0$；U 为量子点内的库仑排斥势。

对于这样一个弹道输运系统，流向端口 i 的电流可以通过 Landauer-Buttiker 方程计算[27~29]：

$$J_{i\sigma} = \frac{e}{\hbar} \sum_{j \neq i} \int \frac{d\omega}{2\pi} T_{ij\sigma}(\omega) [f_i(\omega) - f_j(\omega)] \tag{10-2}$$

式中，$T_{ij\sigma}(\omega) = \text{Tr}[\boldsymbol{\Gamma}_i \boldsymbol{G}_\sigma^r(\omega) \boldsymbol{\Gamma}_j \boldsymbol{G}_\sigma^a(\omega)]$ 为在宽带近似下耦合强度 $\boldsymbol{\Gamma}_{i(j)} = 2\pi|t_{ii}|^2 \rho_i(\omega)$ 下的透射概率。

在（$|1\sigma>$，$|2\sigma>$，$|3\sigma>$，$|4\sigma>$）表象下，量子点内的推迟（超前）格林函数 $\boldsymbol{G}_\sigma^{r(a)}(\omega)$ 是一个 4×4 的矩阵。$\boldsymbol{G}_\sigma^{r(a)}(\omega)$ 可以通过 Dyson 方程计算：

$$\boldsymbol{G}_\sigma^{r(a)}(\omega) = \boldsymbol{g}_\sigma^{r(a)}(\omega) + \boldsymbol{g}_\sigma^{r(a)}(\omega) \boldsymbol{\Sigma}_\sigma^{r(a)} \boldsymbol{G}_\sigma^{r(a)}(\omega) \tag{10-3}$$

式（10-3）中的推迟自能为：

$$\boldsymbol{\Sigma}_\sigma^r = \begin{vmatrix} \frac{i}{2}\Gamma_1 & -t_{12} & 0 & -t_{41} \\ -t_{21}^* & \frac{i}{2}\Gamma_2 & -t_{23} & 0 \\ 0 & -t_{23}^* & \frac{i}{2}\Gamma_3 & -t_{34} \\ -t_{41}^* & 0 & -t_{34}^* & \frac{i}{2}\Gamma_4 \end{vmatrix}^{-1} \tag{10-4}$$

无耦合的推迟（超前）格林函数矩阵 $g_\sigma^{r(a)}(\omega)$ 是对角化的：$g_{ii\sigma}^r = (\omega - \varepsilon_i - U + Un_{i\bar\sigma})/[(\omega - \varepsilon_i)(\omega - \varepsilon_i - U)]$。其中，$n_{i\bar\sigma}$ 是量子点内自旋 σ 的电子的占据数，并且可以通过 $G_\sigma^{r(a)}(\omega) n_{i\sigma} = -i \int (d\omega/2\pi) G_{ii\sigma}^<(\omega)$ 自洽求解。而其中的小于格林函数则可以利用 Keldysh 方程直接计算：$G_\sigma^<(\omega) = G_\sigma^r(\omega) \Sigma_\sigma^< G_\sigma^a(\omega)$，其中 $\Sigma_\sigma^<$ 是对角化矩阵：$[\Sigma_\sigma^<]_{ii} = i\Gamma_i f_i(\omega)$。$f_i(\omega) = \{1 + \exp[(\omega - \mu_i)/k_B T_i]\}^{-1}$ 是端口 i 在化学势 μ_i 和温度 T_i 下的费米-狄拉克分布函数。

由于主要关注的是线性响应区域，而温度梯度和外加的点偏压很小（这里选取四端口的温度和化学势参数分别为：$T_1 = T + \Delta T/2$、$T_3 = T - \Delta T/2$、$T_2 = T_4 = T$、$\mu_1 = \mu_3 = 0$），因此，在费米分布函数对 ΔT 和 ΔV 做一阶展开后，自旋相关的 Nernst 系数 $N_\sigma = J_{2\sigma}/\Delta T$ 可以写作：

$$N_\sigma = \frac{1}{eT} \frac{\int d\omega (\omega - \mu_i) f_0(f_0 - 1)(T_{21\sigma} - T_{23\sigma})}{\int d\omega f_0(f_0 - 1)(T_{21\sigma} + T_{23\sigma} + 2T_{24\sigma})} \tag{10-5}$$

其中 $f_0(\omega) = [e^{(E-E_F)/k_B T} + 1]^{-1}$ 是温度和电势都是零偏压下的费米分布函数。最终，自旋 Nernst 系数 N_s 和电荷 Nernst 系数 N_c 可以分别定义为：$N_s = N_\uparrow - N_\downarrow$ 和 $N_c = N_\uparrow - N_\downarrow$。

10.2 结果讨论

在接下来的计算中，选取量子点-量子点和量子点-端口之间的耦合系数作为计算的能量单位：$t_{ij} = \Gamma_i = \Gamma = 1$，并设定温度 $T = 0.01\Gamma$。

10.2.1 $\phi_R \neq 0$，$\phi_B = 0$ 时的 Nernst 效应

本章首先研究了仅考虑 Rashba 自旋轨道耦合的情况下的 Nernst 效应（$\phi_B = 0$）。图 10-2（a）表明，当 $\phi_R = 0$ 时，电流仍然处于自旋简并状态，自旋向上和自旋向下的电子在从端口 1（3）流向端口 2 时具有同样的概率。因此，在端口中不会产生自旋极化电流，即温度梯度 ΔT 并不能激发自旋偏压。而当 $\phi_R \neq 0$ 时，不同自旋分量的透射概率的峰值出现分离，并且有 $T_{21\uparrow} = T_{23\downarrow}$，$T_{21\downarrow} = T_{23\uparrow}$。这一点可以通过端口 1（3）和端口 2 之间的等效耦合强度解释。在自旋相关的透射概率仅考虑一阶输运过程的时候，透射概率 $T_{ij\sigma}(\omega)$ 中，电子从端口 1 隧穿进入端口 2 的过程可以简化成 5 条路径的干涉叠加[30,31]：

(1) 端口 1 → QD 1 → QD 2 → 端口 2；
(2) 端口 1 → QD 1 → QD 4 → QD 3 → QD 2 →端口 2；
(3) 端口 1 → QD 1 → (QD 4↔端口 4) → QD 3 → QD 2 →端口 2；

(4) 端口 1 → QD 1 → QD 4 → (QD 3↔端口 3) → QD 2 →端口 2;

(5) 端口 1 → (QD 4↔端口 4) → (QD 3↔端口 3) → QD 2 →端口 2。

这样的一阶输运过程,其等效耦合强度可以写作:

$$\gamma_{21\sigma} = t^2 + t^6(g_{d\sigma}^r)^4 + 2t^8(g_{d\sigma}^r)^4\pi^2 + t^{10}(g_{d\sigma}^r)^4\pi^4 + 2t^4(g_{d\sigma}^r)^2(1-\pi^2t^2)\cos(\sigma\phi_R) - 4t^5(g_{d\sigma}^r)^2\pi\sin(\sigma\phi_R) \tag{10-6}$$

类似的,端口 2 和端口 3 之间的等效耦合强度 $\gamma_{23\sigma}$ 为:

$$\gamma_{23\sigma} = t^2 + t^6(g_{d\sigma}^r)^4 + 2t^8(g_{d\sigma}^r)^4\pi^2 + t^{10}(g_{d\sigma}^r)^4\pi^4 + 2t^4(g_{d\sigma}^r)^2(1-\pi^2t^2)\cos(\sigma\phi_R) + 4t^5(g_{d\sigma}^r)^2\pi\sin(\sigma\phi_R) \tag{10-7}$$

式中,$g_{d\sigma}^r = (\omega - \varepsilon_d - U + Un_{i\bar{\sigma}})/[(\omega - \varepsilon_d)(\omega - \varepsilon_d - U)]$,自旋下标 $\sigma = \uparrow$,$\downarrow$ 分别对应 $\sigma = \pm 1$。当库仑排斥势为零 ($U=0$) 时,量子点内无耦合的格林函数可以写作 $g_{d\sigma}^r = 1/(\omega - \varepsilon_d)$。因此有:

$$\begin{cases} \gamma_{21\uparrow} = \gamma_{23\downarrow} < \gamma_{21\downarrow} = \gamma_{23\uparrow}, & \varepsilon_d < 0 \\ \gamma_{21\uparrow} = \gamma_{23\downarrow} > \gamma_{21\downarrow} = \gamma_{23\uparrow}, & \varepsilon_d > 0 \end{cases} \tag{10-8}$$

图 10-2 (b) 中,绘出了自旋相关的 Nernst 系数 N_σ 随量子点内能级的变化曲线。因为 $\gamma_{21\uparrow} - \gamma_{23\uparrow} = -(\gamma_{21\downarrow} - \gamma_{23\downarrow}) = -8t^5(g_{d\sigma}^r)^2\pi\sin\phi_R$,从式 (10-5) 可以得到 $N_\uparrow = N_\downarrow$。同时,$N_\sigma$ 是 $\sin\sigma\phi_R$ 的函数,因此 N_σ 的大小和符号都可以通过 Rashba 自旋轨道耦合强度调制。当 $\phi_R = 0$ 时,有 $\gamma_{21\sigma} - \gamma_{23\sigma} = 0$,并且由此可得 $N_\sigma = 0$,此时自旋和电荷 Nernst 效应如图 10-2 (c) 所示同时消失。当 $\phi_R \neq 0$ 时,自旋 Nernst 系数存在有限值 $N_s = N_\uparrow - N_\downarrow \neq 0$,而电荷 Nernst 系数 $N_c = N_\uparrow - N_\downarrow$ 仍然为零。这表明,此时在不依赖外磁场和铁磁金属端口的情况下,系统中的温度偏压激发了一个纯的自旋 Nernst 效应,同时产生了纯的自旋热电流。随着 ϕ_R 从 0 增大到 $\pi/2$,自旋向上和自旋向下的 Nernst 系数之间的区别越来越大,因此可以得到自旋 Nernst 系数的显著增强。

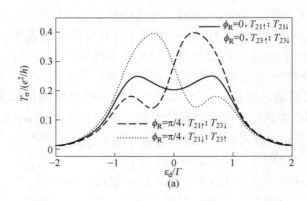
(a)

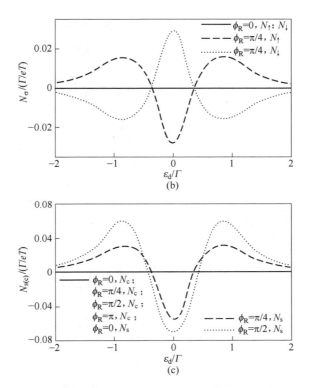

图 10-2 不同 ϕ_R 的情况下,透射概率 T_σ（a）、自旋相关的 Nernst 系数 N_σ（b）和自旋（电荷）Nernst 系数 $N_{s(c)}$（c）随量子点内能级 ε_d 的变化

($\varepsilon_{di} = \varepsilon_i (i = 1, 2, 3, 4)$, $\phi_B = 0$)

10.2.2 $\phi_R = 0$，$\phi_B \neq 0$ 时的 Nernst 效应

当 $\phi_R = 0$ 且 $\phi_B \neq 0$ 时,端口 2 和端口 1（3）之间的等效耦合强度 $T_{21(3)\sigma}$ 可以写作:

$$\begin{cases} \gamma_{21\sigma} = t^2 + t^6 (g_{d\sigma}^r)^4 + 2t^8 (g_{d\sigma}^r)^4 \pi^2 + t^{10} (g_{d\sigma}^r)^4 \pi^4 + 2t^4 (g_{d\sigma}^r)^2 (1 - \pi^2 t^2) \cos(\phi_B) + 4t^5 (g_{d\sigma}^r)^2 \pi \sin(\phi_B) \\ \gamma_{23\sigma} = t^2 + t^6 (g_{d\sigma}^r)^4 + 2t^8 (g_{d\sigma}^r)^4 \pi^2 + t^{10} (g_{d\sigma}^r)^4 \pi^4 + 2t^4 (g_{d\sigma}^r)^2 (1 - \pi^2 t^2) \cos(\phi_B) - 4t^5 (g_{d\sigma}^r)^2 \pi \sin(\phi_B) \end{cases}$$

$$(10-9)$$

因此,如图 10-3（a）所示,容易得到 $T_{21\uparrow} = T_{21\downarrow}$，$T_{23\uparrow} = T_{23\downarrow}$，此时不同自旋分量的透射系数相同。图 10-3（b）得到了 $\phi_R = 0$ 时自旋相关的 Nernst 系数随量子点内能级的变化。从式（10-9）可以推导出 $\gamma_{21\uparrow} - \gamma_{23\uparrow} = -(\gamma_{21\downarrow} - \gamma_{23\downarrow}) = 8t^5 (g_{d\sigma}^r)^2 \pi \sin \phi_R$，因此由式（10-5）可以得到 $N_\uparrow = N_\downarrow$。这一结果表明仅有电荷 Nernst 系数 N_c 存在有限值,而自旋 Nernst 系数 N_s 为零（图 10-3）。

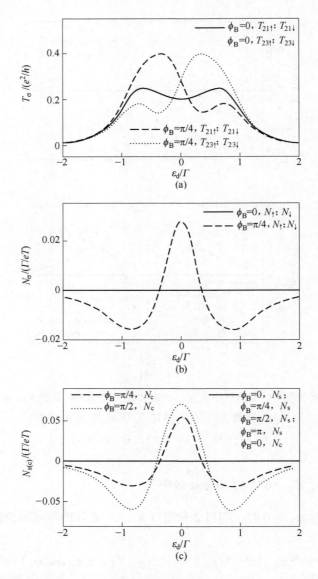

图 10-3 不同 ϕ_B 情况下，自旋相关的透射系数 T_σ (a)、Nernst 系数 N_σ (b) 和自旋（电荷）Nernst 系数 $N_{s(c)}$ (c) 随量子点内能级 ε_d 的变化 ($\varepsilon_{di} = \varepsilon_i (i = 1, 2, 3, 4)$, $\phi_R = 0$)

10.2.3 库仑排斥势对 Nernst 效应的影响

在图 10-4 中，定量地研究了库仑排斥势对 Nernst 效应的影响。图 10-4（a）、

(b) 是自旋和电荷 Nernst 系数分别在 $U = 5, 10, 15$ 时随量子点内能级的变化。当 $\phi_B = 0$（或 $\phi_R = 0$）时，系统中仅存在自旋（或电荷）Nernst 效应，而其定量结果的原因与图 10-2、图 10-3 相同。然而，在有限值库仑排斥作用 U 的作用下，系统打开了新的量子输运通道，当能级 $\varepsilon_d + U(\varepsilon_d)$ 在费米面附近时，载流子有一定的概率隧穿量子点的能级通道。因此，在该能量区间，透射概率系数被抑制，并且两个能级通道之间透射概率在能量空间出现一个带隙。随着 U 的增大，量子点-端口之间的耦合强度会逐渐发生变化，从端口 4 到端口 2 的干涉路径（与式（10-5）中的 T_{24} 有关）相比起 T_{21} 和 T_{23} 更为敏感；与 T_{21} 和 T_{23} 相比，T_{24} 也将受到更明显的抑制。其结果就是 N_c 和 N_s 将受到库仑排斥作用 U 的影响，形成两谷以库仑排斥势 U 为间隔的曲线，并且其大小将得到显著增强。

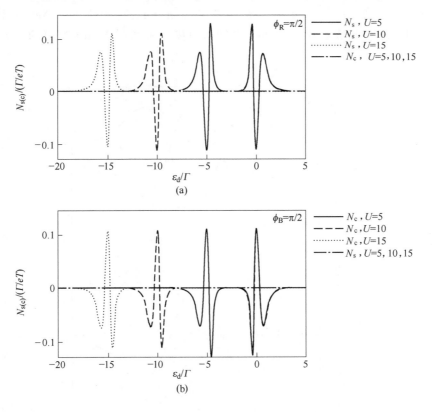

图 10-4 自旋和电荷 Nernst 系数 $N_{s(c)}$ 在 $U = 5$、$U = 10$、$U = 15$ 时随量子点内能级 ε_d 的变化

($\varepsilon_{di} = \varepsilon_i$ (i=1, 2, 3, 4))

(a) $\phi_R = \pi/2$ 且 $\phi_B = 0$；(b) $\phi_R = 0$ 且 $\phi_B = \pi/2$

10.2.4 ϕ_R 和 ϕ_B 的共同作用

尽管对自旋的纯电调制既具有吸引力也很有效,但是作为自旋操纵过程中最为有力的手段,磁通的作用仍然值得关注。接下来研究 Rashba 自旋轨道耦合和磁通对 Nernst 效应的复合调制。在 ϕ_R 和 ϕ_B 共存时,等效耦合强度可以写作 $\gamma_{21\sigma} - \gamma_{23\sigma} = 8t^5 (g^r_{d\sigma})^2 \pi \sin(\phi_B - \sigma\phi_R)$。一旦 ϕ_B 和 ϕ_R 不同时等于 $\pi/2$ 时,从图 10-5(a)可以看出,系统中将同时观测到自旋和电荷 Nernst 效应。有趣的是,当 $\phi_B = \phi_R$ 时,如图 10-5(b)所示,$T_{21\uparrow} - T_{23\uparrow} = 0$,$T_{21\downarrow} - T_{23\downarrow} = 0$,仅有自旋向下的 Nernst 系数存在。换句话说,自旋向下的完全极化的电流将被驱动从端口流出。当 $\phi_B = -\phi_R$ 时,$T_{21\uparrow} - T_{23\uparrow} \neq 0$ 但是 $T_{21\downarrow} - T_{23\downarrow} = 0$,将获得纯的自旋向上的 Nernst 系数。此外,当 $\phi_B = \phi_R = 2n/\pi$($n = 1, 2, \cdots$)时,Nernst 系数为零,即可以通过调节磁通或 Rashba 自旋轨道耦合来实现 Nernst 效应的"开"和"关"。

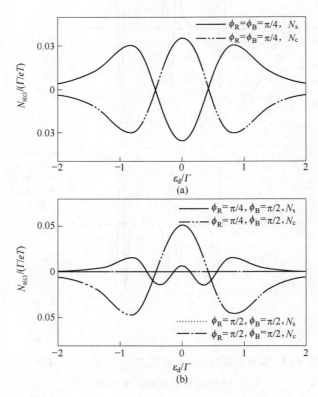

图 10-5 自旋和电荷 Nernst 系数 $N_{s(c)}$ 在不同 ϕ_R、ϕ_B 情况下随量子点内能级 ε_d 的变化
(其他参数与图 10-2 相同)

通常来说，自旋轨道耦合效应是非常弱的，但是在一些半导体材料中，自旋轨道耦合强度能通过门电压的调制达到很大的数值。比如，在最近的实验中，Rashba 自旋轨道耦合强度 α 就被成功的从 -1×10^{-12} eV·m 增大到了 3×10^{-11} eV·m[32,33]。假设 Rashba 自旋轨道耦合强度能达到 $\alpha = 3 \times 10^{-11}$ eV·m，此时，若量子点具有典型尺寸 100nm 和有效质量 $m^* = 0.036m_e$，Rashba 自旋轨道耦合的相位因子 $\phi_R = \alpha L m^*/\hbar^2$ 则可以到 0.5π 左右，完全满足本工作的理论要求。

10.3 本章小结

本章提出了由四个量子点耦合四个端口的一个环状量子点结构，并在线性响应区域研究了自旋 Nernst 效应和电荷 Nernst 效应。在 Rashba 自旋轨道耦合的作用下，系统将获得纯的自旋 Nernst 效应，并且可以通过 Rashba 自旋轨道耦合强度有效调制，而实现这一现象并不需要借助外加磁场或铁磁端口。与之对应的，当存在磁通而不存在 Rashba 自旋轨道耦合的时候，自旋 Nernst 效应消失，自旋 Nernst 系数为零，但电荷 Nernst 系数存在有限值。然而，对 $\phi_R \neq 0$ 且 $\phi_B \neq 0$ 的情况，将同时观测到自旋和电荷 Nernst 效应；有趣的是，当 $\phi_R = \phi_B \neq 0$ 时，将观测到仅存在于自旋向下的极化电流的 Nernst 效应。此外还发现 N_c 和 N_s 的大小在存在有限值库仑排斥势时得到显著的增大。这样一个四端口量子点环系统中的 Nernst 效应能够有效地通过 Rashba 自旋轨道耦合和磁通调制，在热电器件研制的过程中具有一定的应用价值。

参考文献

[1] Bauer G E W, Saitoh E, Wees B J. Spin caloritronics [J]. Nature Mater., 2012, 11: 391.

[2] Huang S Y, Wang W G, Lee S F, et al. Intrinsic spin-dependent thermal transport [J]. Phys. Rev. Lett., 2011, 107: 216604.

[3] Jaworski C M, Yang J, Mack S, et al. Observation of the spin-Seebeck effect in a ferromagnetic semiconductor [J]. Nature Mater., 2010, 9: 898.

[4] Jaworski C M, Yang J, Mack S, et al. Spin-Seebeck effect: A phonon driven spin distribution [J]. Phys. Rev. Lett., 2011, 106: 186601.

[5] Uchida K, Xiao J, Adachi H, et al. Spin Seebeck insulator [J]. Nature Mater., 2010, 9: 894.

[6] Uchida K I, Adachi H, Ota T, et al. Observation of longitudinal spin-Seebeck effect in magnetic insulators [J]. Appl. Phys. Lett., 2010, 97: 172505.

[7] Uchida K I, Nonaka T, Ota T, et al. Longitudinal spin-Seebeck effect in sintered polycrystalline (Mn,Zn)Fe$_2$O$_4$ [J]. Appl. Phys. Lett., 2010, 97: 262504.

[8] Seki T, Hasegawa Y, Mitani S, et al. Giant spin Hall effect in perpendicularly spin-polarized

FePt/Au devices [J]. Nature Materials, 2008, 7: 125.
[9] Cyr-Choiniere O A, Daou R, Laliberte F, et al. Enhancement of the Nernst effect by stripe order in a high-Tc superconductor [J]. Nature (London), 2009, 458: 743.
[10] Checkelsky J G, Ong N P. Thermopower and Nernst effect in graphene in a magnetic field [J]. Phys. Rev. B, 2009, 80: 081413.
[11] Vakhshouri K, Kozub D R, Wang C, et al. Effect of miscibility and percolation on electron transport in amorphous poly (3-Hexylthiophene) /phenyl-C_{61}-butyric acid methyl ester blends [J]. Phys. Rev. Lett., 2012, 108: 026601.
[12] Humphrey T E, Linke H. Reversible thermoelectric nanomaterials [J]. Phys. Rev. Lett., 2005, 94: 096601.
[13] Mahan G D, Sofo J O. The best thermoelectric [C]. Proceedings of the National Academy of Sciences, 1996, 93: 7436.
[14] Kubala B, Konig J, Pekola J. Violation of the wiedemann-franz law in a single-electron transistor [J]. Phys. Rev. Lett., 2008, 100: 066801.
[15] Stark J, Brandner K, Saito K, et al. Classical Nernst engine [J]. Phys. Rev. Lett., 2014, 112: 140601.
[16] Swirkowicz R, Wierzbicki M, Barnas J. Thermoelectric effects in transport through quantum dots attached to ferromagnetic leads with noncollinear magnetic moments [J]. Phys. Rev. B, 2009, 80: 195409.
[17] Dubi Y, Di Ventra M. Thermospin effects in a quantum dot connected to ferromagnetic leads [J]. Phys. Rev. B, 2009, 79: 081302.
[18] Wierzbicki M, Swirkowicz R. Electric and thermoelectric phenomena in a multilevel quantum dot attached to ferromagnetic electrodes [J]. Phys. Rev. B, 2010, 82: 165334.
[19] Liu Y S, Chi F, Yang X F, et al. Pure spin thermoelectric generator based on a Rashba quantum dot molecule [J]. J. Appl. Phys., 2011, 109: 053712.
[20] Zheng J, Chi F, Guo Y. Large spin figure of merit in a double quantum dot coupled to noncollinear ferromagnetic electrodes [J]. J. Phys.: Condens. Matter., 2012, 24: 265301.
[21] Ying Y, Jin G. Optically and thermally manipulated spin transport through a quantum dot [J]. Appl. Phys. Lett., 2010, 96: 093104.
[22] Qi F, Ying Y, Jin G. Temperature-manipulated spin transport through a quantum dot transistor [J]. Phys. Rev. B, 2011, 83: 075310.
[23] Zheng J, Chi F. Enhanced spin figure of merit in a Rashba quantum dot ring connected to ferromagnetic leads [J]. J. Appl. Phys., 2012, 111: 093702.
[24] Sun Q F, Wang J, Guo H. Quantum transport theory for nanostructures with Rashba spinorbital interaction [J]. Phys. Rev. B, 2005, 71: 165310.
[25] Lu H F, Guo Y. Pumped pure spin current and shot noise spectra in a two-level Rashba dot [J]. Appl. Phys. Lett., 2008, 92: 062109.
[26] Sergueev N, Sun Q F, Guo H, et al. Spin-polarized transport through a quantum dot: Anderson

model with on-site Coulomb repulsion [J]. Phys. Rev. B, 2002, 65: 165303.

[27] Dubi Y, Di Ventra M. Colloquium: Heat flow and thermoelectricity in atomic and molecular junctions [J]. Rev. Mod. Phys., 2011, 83: 131.

[28] Jonson M, Girvin S M. Thermoelectric effect in a weakly disordered inversion layer subject to a quantizing magnetic field [J]. Phys. Rev. B, 1984, 29: 1939.

[29] Oji H, Streda P. Theory of electronic thermal transport: Magnetoquantum corrections to the thermal transport coefficients [J]. Phys. Rev. B, 1985, 31: 7291.

[30] Sun Q F, Xie X C. Bias-controllable intrinsic spin polarization in a quantum dot: Proposed scheme based on spin-orbit interaction [J]. Phys. Rev. B, 2006, 73: 235301.

[31] Bułka B R, Stefanski P. Fano and kondo resonance in electronic current through nanodevices [J]. Phys. Rev. Lett., 2001, 86: 5128.

[32] Nitta J, Akazaki T, Takayanagi H, et al. Gate control of spin-orbit interaction in an inverted $In_{0.53}Ga_{0.47}As/In_{0.52}Al_{0.48}As$ heterostructure [J]. Phys. Rev. Lett., 1997, 78: 1335.

[33] Grundler D. Large Rashba splitting in InAs quantum wells due to electron wave function penetration into the barrier layers [J]. Phys. Rev. Lett., 2000, 84: 6074.